植物ウイルス学

池上正人　上田一郎　奥野哲郎
夏秋啓子　難波成任
著

朝倉書店

まえがき

植物ウイルス学は，菌学，細菌学，線虫学と同じように，植物病理学の一分野である．1898年にオランダのBeijerinckによるタバコモザイクウイルスの発見以来，植物ウイルスの研究は農業を中心に植物病理の観点から研究が進展した．さらに，植物ウイルスは，植物病理学の分野から大きく飛躍して，生化学，生物物理学，分子生物学の分野において，生命科学全体の発展に対して駆動車的役割をも果たしてきた．植物ウイルス学を学ぼうとする学生の教科書としては，新編植物ウイルス学（故平井篤造，四方英四郎，高橋壮，都丸敬一共著，1987年，養賢堂）の改訂版がある．充実した内容で，わかりやすく記載され，多くの学生や研究者に教科書あるいは研究書として親しまれてきたが，すでに20年を経た．この間，分子生物学の発展に伴い植物ウイルスの研究にも必然的に生物工学の実験方法（遺伝子クローニングやその構造機能解析技術など）が利用されるようになった．これにより，植物ウイルスゲノムの解析が急速に進み，さらにはそれらの機能の解析も行われ，植物ウイルスの研究は急速に進展し，多くの新知見が得られ，新しいウイルスの世界が見えてきた．これに伴い植物ウイルス学の新しい成書の出版が急がれる現状であった．

本書は，このような背景のもとで，植物ウイルス学の学問領域にできるだけ最新の知見を取り入れるべく努力して書かれたものである．主として植物ウイルス学を学ぶ農学，理学部や農学，理学系修士課程の学生やその教育に携わっている方々の教科書として書いたものであるが，農業技術者などの入門書としても役立つものと思われる．本書では，五人の著者が各章を分担執筆し，全体の統一は池上が担当したが，なお至らぬ点も少なくないと思われる．これらは読者のご批判やご叱正を是非賜りたいと願っている．

本書に付した図，表のなかには既刊の研究書や論文からの転載も多く，これらは出所や著者名を記したが，改めて原著者にお許しを乞うとともに，厚く御礼を申し上げる．

最後に，本書の編集に当たり熱心なお勧めと終始変わらぬご支援を賜った朝倉書店編集部に深謝の意を表したい．

2009年3月

著者ら記す

ウイルスの表記法

1）ウイルスの略名は，国際ウイルス分類委員会（International Committee on Taxonomy of Viruses：ICTV）の8次報告書に準拠した（Fauquet *et al*., 2005）．ICTVが数年ごとに刊行する印刷物であるICTV報告書が，世界共通の学術基盤として利用されている．

2）イタリック表記と小文字ローマン表記
ICTV 8次報告書に準拠し，分類上の抽象概念であるウイルス種名を表す場合には，イタリック表記で，現実の物理的実体としてのウイルスを表す場合には，小文字ローマン表記とした（Fauquet *et al*., 2005）．

3）わが国で発生するウイルスの表記法については，植物病理学会の分類委員会の表記法に従い，和名を付け，国内で発生しないウイルスについては，英名のまま用いることにした（第2章 ウイルスによる病徴，第3章 ウイルスの精製と定量，第7章 ウイロイド，第11章 ウイルスの伝搬，第12章 ウイルス病の診断，第13章 ウイルスの防除）．ただし，その他の章においては，区別せず，すべて英名表記とした．TMVの和名は，「タバコモザイクウイルス」である．

4）ウイルスの略名は分かりづらいものもあるので，各章で最初にウイルス名（略名）を示してから，略名を使用するようにした．

参考文献

Fauquet, C. M., Mayo, M. A., Maniloff, J., Desselberger, U., Ball, L. A. (2005): *Virus Taxonomy: Classification and Nomenclature of Viruses; Eighth Report of the International Committee on Taxonomy of Viruses*. Academic Press, San Diego.

目　　次

1. 植物ウイルスの研究史　〔池上正人〕 **1**

1.1　植物ウイルスの概念と研究史 …… 1

1.2　ウイルスの定義 …… 8

2. ウイルスによる病徴　〔夏秋啓子〕 **9**

2.1　局所病徴と全身病徴 …… 10

2.2　外部病徴および内部病徴 …… 11

2.3　病徴の診断 …… 21

3. ウイルスの精製と定量　〔池上正人〕 **26**

3.1　感染植物の調整 …… 26

3.2　ウイルスの精製法 …… 27

4. ウイルス粒子の構造　〔池上正人〕 **33**

4.1　ウイルス粒子の形態 …… 33

4.2　ウイルス核酸 …… 33

4.3　ウイルスゲノムの分布様式 …… 35

4.4　ウイルス粒子の構造 …… 36

4.5　ウイルスの分子集合 …… 43

5. ウイルスの分類　〔難波成任〕 **45**

5.1　植物ウイルスの分類 …… 45

5.2　植物ウイルスの科，属と性状 …… 55

6. ウイルスゲノムの構造とその発現　〔難波成任〕 **69**

6.1　ウイルスのゲノムと遺伝 …… 69

6.2　ウイルスのゲノムと進化 …… 69

6.3　ウイルスゲノムの構造とその発現 …… 72
6.4　ウイルスのもつ遺伝子発現のストラテジー …… 90

7. ウイロイド　〔上田一郎〕 **95**
7.1　病　　徴 …… 95
7.2　構造と分類 …… 96
7.3　検出と診断 …… 98

8. ウイルスの複製　〔奥野哲郎〕 **100**
8.1　ウイルス複製研究の実験系 …… 100
8.2　感染プロセス …… 103
8.3　ゲノム核酸成分と性状によるウイルス分類と複製機構 …… 105
8.4　変　　異 …… 117

9. ウイルスの移行　〔奥野哲郎〕 **120**
9.1　プラズモデスマータ（PD） …… 121
9.2　TMV MP が細胞間移行に関わることの発見 …… 121
9.3　MP の性質と機能 …… 122
9.4　細胞間移行に必要な MP 以外のウイルスタンパク質 …… 125
9.5　移 行 形 態 …… 127
9.6　長距離移行 …… 128

10. ウイルスと植物の分子応答　〔奥野哲郎〕 **130**
10.1　感染タイプ …… 130
10.2　細胞レベルでの抵抗性 …… 132
10.3　過敏感反応を伴う抵抗性 …… 133
10.4　RNA サイレンシングによる抵抗性 …… 135
10.5　その他の抵抗性 …… 141

11. ウイルスの伝染　〔上田一郎〕 **142**
11.1　汁液や接触による伝染 …… 142
11.2　接ぎ木伝染 …… 143

11.3 種子・花粉伝染 …… 143
11.4 栄養繁殖器官による伝染 …… 144
11.5 媒生物を必要とする伝染 …… 144

12. ウイルス病の診断 〔上田一郎〕 **156**
12.1 コッホの原則 …… 156
12.2 ウイルス病の診断 …… 157
12.3 ウイルスの検出 …… 157
12.4 抗血清を用いたウイルスの検出と同定 …… 159
12.5 核酸の検出とウイルスの同定 …… 164

13. ウイルスの防除 〔夏秋啓子〕 **168**
13.1 健全種苗の利用 …… 168
13.2 抵抗性品種の利用 …… 169
13.3 農業資材の消毒 …… 170
13.4 土壌伝染の防止 …… 171
13.5 圃 場 衛 生 …… 171
13.6 媒介者の制御 …… 172
13.7 弱毒ウイルスの利用 …… 175
13.8 抗ウイルス剤の利用 …… 178
13.9 ウイルス抵抗性の遺伝子組換え植物の利用 …… 178

事 項 索 引 **181**
ウイルス名索引 **190**

1. 植物ウイルスの研究史

1.1　植物ウイルスの概念と研究史

a. ウイルスの発見の時代

もっとも古い植物ウイルス病の記録として認められるのは，万葉集（752 年）の巻十九の孝謙天皇の御歌の次の和歌である．

この里は　つぎて霜やおく　夏の野に
わが見し草はもみちたりけり

この歌の意味は「やがて霜が降りるこの里に，夏というのに，この草（ヒヨドリバナ）はもう黄葉している．」である（図 1.1）．ヒヨドリバナが黄葉している原因はジェミニウイルスが感染しているためで，現在，このウイルスはヒヨドリバナ葉脈黄化ウイルス（*Eupatorium yellow vein virus*；EYVV）と命名されている．

17 世紀のオランダでは，斑入りの花弁をもったチューリップが珍重がられ，球根 1 個で雄牛，豚や羊と交換できるほどの高い値段が付けられた．当時その原因については知られていなかったが，栽培家の間では，このような球根の一部を切り取って別の球根に植え込むと，斑入りのチューリップが得られることが知ら

図 1.1　葉脈黄化症状を示すヒヨドリバナ

れていた．後に，これもチューリップモザイクウイルスによることがわかった．

19 世紀後半，オランダでタバコのモザイク病が発生し，Mayer はこの病気は汁液で伝染することを実験的に証明した．数年後（1892 年），Iwanowski（ロシア）はタバコのモザイク病の病原体が，当時滅菌用の素焼きの濾過器を通過するという大発見をしたが，細菌の毒素かあるいは非常に小型の新しい細菌が濾過器を通過したと考えた．6 年後の 1898 年，オランダの Beijerinck はタバコのモザイク病は細菌ではなく，contagium vivum fluidum（伝染性の活性液）によって起こるとし，contagium は，タバコの生きた細胞のなかでのみ増殖することができると考え，それを“ウイルス（virus）”と名付けた．これが世界におけるはじめてのウイルスの発見となった．後にこの病原体はタバコモザイクウイルス（*Tobacco mosaic virus*；TMV）と呼ばれるようになった．Beijerinck による発見と同じ年に，ドイツの獣医学者 Loeffler らはウシの口蹄疫の病原体が濾過性であることを報告し，彼らもこの病原体が細菌より小型の微生物であると考えた．

b. ウイルスの物理・化学の時代

1933 年，福士貞吉博士は，イネ萎縮ウイルス（rice dwarf virus；RDV）が媒介虫のツマグロヨコバイで経卵伝染することを報告した．すなわち植物ウイルスが昆虫体内でも増殖する場合があることをはじめて発見し，植物ウイルスの宿主に新しい知見が加わった．1935 年，Stanley は TMV の精製に成功した．この時期は多くの酵素タンパク質の結晶化に成功した頃であった．彼は，TMV がタンパク質の性質をもっていることから，酵素タンパク質の結晶化に用いられていた方法を用いて，TMV の結晶化に成功した．当時，TMV の結晶化は，自己増殖という生命だけがもっている性質が，結晶化されるような単純な化学物質のなかに組み込まれていることを示し，当時の科学者に大きな衝撃を与えた．当時ウイルスは，生物か無生物かの議論を呼び，生命科学の解明に化学者や物理学者が参入するきっかけとなった．1937 年，Bawden と Pirie は TMV が微量の RNA を含む核タンパク質であることを明らかにした．1949 年，Markham と Smith によって turnip yellow mosaic virus（TYMV）は，RNA を含む粒子と含まない粒子からなり，RNA を含む粒子にのみ感染性があることが報告された．これは RNA がウイルスの感染性に関与することを示唆した最初の研究である．その後，TMV の精製方法を用いて，potato virus X（PVX），tomato bushy stunt virus（TBSV）の精製がなされた．1950 年代の初頭に入って，Brakke はショ糖

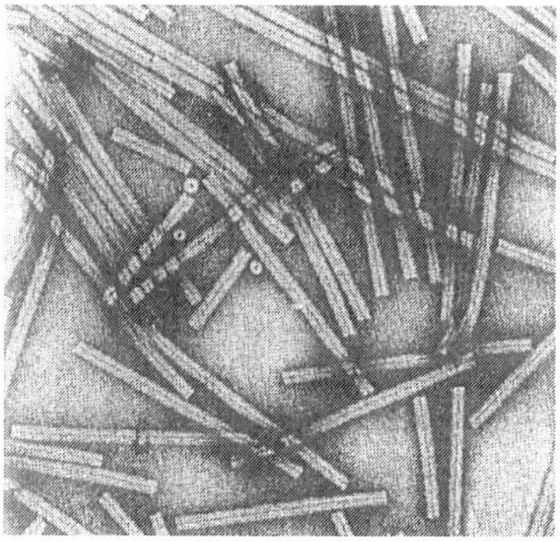

図 1.2　ネガティブ染色法による TMV 粒子の電子顕微鏡写真（×103500）（提供：R. W. Horne）

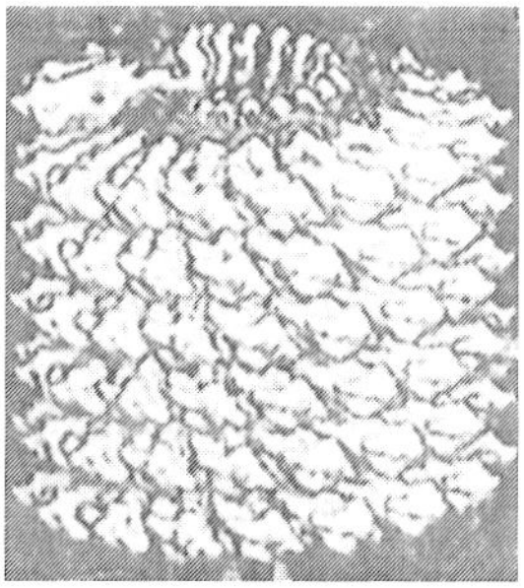

図 1.3　コンピューターグラフィックで描かれた TMV 粒子（出典：Namba, K., Casper, D.L.D., Stubbs, G. (1985): Compurter graphics representation of levels of organization in tobacco mosaic virus structure. *Science* **227**, 773-776.)

密度勾配遠心法を開発し，多くの植物ウイルスの精製，粒子の構造解析の研究に利用されるようになった．Lister は，ショ糖密度勾配遠心法を用いて tobacco rattle virus（TRV）が 2 粒子系ウイルスであることを発見した．その後，多くのウイルスが多粒子系ウイルス（multipartite virus）であることが報告された．ウイルスが精製されると，続いて TMV を中心にウイルス粒子の研究が電子顕微鏡と X 線回折を用いてなされた．1939 年，Kausche らは，はじめて TMV 精製標品の電子顕微鏡観察を行い，TMV は長さ約 300 nm，直径約 18 nm の棒状であるとした（図 1.2）．その後多くの研究者が TMV の X 線回折を行い，その結果をもとにして TMV の分子構造モデルが提唱された．図 1.3 には，コンピューターグラフィックで描かれた TMV 粒子を示す．TMV は外被タンパク質サブユニットがらせん状に積み重なっており，粒子の中心から 4 nm の位置に RNA が存在する．その後，TBSV，TYMV の球状粒子の構造研究が，TMV と同様の方法を用いてなされた．

c. ウイルス分子生物学の時代

1955 年，Fraenkel-Conrat と Williams は，TMV 粒子を構成成分である RNA とタンパク質に分け，それらを再び試験管内で混合すると，TMV 粒子を再構成することに成功した（試験管内再構成実験）．この実験が分子集合や自己集合という概念を分子生物学分野に導入するきっかけとなった. 1956年には, Gierer と Schramm, および Fraenkel-Conrat は, 別々に, TMV粒子からフェノール法で得られたRNAが遺伝情報を担う本体であることを示した. 翌年, Fraenkel-Conrat と Singer は TMV とその自然変異株である HR 株の間で, 試験管内再構成実験を行い, RNA が遺伝情報を担う本体であることを証明した. 1960年には, Andarer らと Tsugita らによって, 別々に, TMV の外被タンパク質の158アミノ酸配列が決定された. それまでに完全長のアミノ酸配列が決定されたのは, インシュリンと膵臓リボヌクレアーゼで, TMV の外被タンパク質は3番目である.

1957年, Gierer によって TMV 核酸が一本鎖 RNA であることが発見されて以来, 多くの植物ウイルスの核酸の性状について研究されたが, そのほとんどは一本鎖 RNA であったが, 1963年, wound tumor virus (WTV) のゲノムが二本鎖 RNA であることが, 1966年には, cauliflower mosaic virus (CaMV) が二本鎖 DNA であることが, 1977年には, bean golden mosaic virus (BGMV)〔現在, このウイルスは bean golden yellow mosaic virus (BGYMV) と呼ばれている.〕と African cassava mosaic virus (ACMV) が一本鎖 DNA であることが報告された. また, 1971年には, Diener と Raymer によって外被タンパク質をもたない低分子 RNA (ウイロイド) である potato spindle tuber viroid (PSTVd) が発見された.

1962年, Kassanis は, tobacco necrosis virus (TNV) は直径28 nm の球型粒子であるが, それに直径17 nm の小さな粒子が付随していることを発見した. この小さな粒子は TNV のサテライトウイルス (SV-TNV) と呼ばれ, SV-TNV 粒子単独では複製することができない. その後, panium mosaic virus (PMV), maize white line mosaic virus (MWLMV) などでサテライトウイルスが発見された. 1969年には tobacco ringspot virus (TRSV) のサテライト RNA が, 2000年には単一ゲノム型ベゴモウイルスである ageratum yellow vein virus (AYVV) のサテライト DNA が発見された.

このように, 植物ウイルスゲノムは, DNA 型と RNA 型, 分節型と非分節型, 二本鎖と一本鎖, 環状構造と線状構造, など多様であることが明らかになった.

1977年, 植物ウイルスの診断法として, Clark と Adama は, ELISA (酵素結合抗体法, enzyme-linked immunosorbent assay) を使用した. その後, この方法はウイルス抗原のもっとも鋭敏な検出法として, また多くの試料を一度に扱いうる方法として広く使用されるようになった．1982年には，DietzenとSander，およびBriandは，別々にTMVに対するモノクローナル抗体を作製した．それ以来，多くの植物ウイルスに対するモノクローナル抗体が作製され，植物ウイルス研究やウイルス病の診断に利用された．

d. 遺伝子操作によるウイルス分子生物学の展開の時代

遺伝子工学的手法が1970年代半ばに開発され，いち早くこの手法を用いて動物のDNAウイルスであるサルのポリオーマウイルスSV 40の全塩基配列が決定された．1980年代に入って，Frankらによって植物二本鎖DNAウイルスであるCaMV DNAではじめて全塩基配列が決定され，ゲノムの構造が明らかになった．続いて一本鎖DNAウイルスであるACMVやBGMVのゲノム構造が明らかになった．一方，逆転写酵素によるRNAのcDNAへの転写法が確立すると，RNAゲノムの全塩基配列の決定も可能になり，1982年には，Goeletらによって TMV RNAの全塩基配列がRNAウイルスではじめて決定された．それ以来，数多くの植物ウイルスゲノムの塩基配列が順次決定され，遺伝子地図が明らかにされた．1984年，AlquistとJandaはbrome mosaic virus（BMV）RNAの各分節全長cDNAのクローニングと，そのクローンから感染性RNAを試験管内で転写することに成功した．この研究を契機に，種々のRNAウイルスにおいても遺伝子操作系が確立され，逆遺伝学的研究が可能になり，ウイルスがコードする遺伝子の機能が明らかになっていった．すなわち，cDNAレベルでウイルスRNA遺伝子の塩基配列を換えることができ，そこからRNAを転写すれば，変異ウイルスRNAを得ることができる．この転写した変異ウイルスRNAを植物に接種すれば，ウイルス遺伝子の機能を調べることができる．また，GFP（green fluorescent protein）との融合タンパク質やウイルスタンパク質の抗血清を用いて植物ウイルスの細胞生物学的研究が可能になった．このような逆遺伝学の手法を用いて，ウイルスゲノムの発現機構，ウイルスの複製，植物体での移行の機構，病徴を発現する機構などが明らかになっていった．lettuce necrotic yellows virus（LNYV）ゲノムは一本鎖RNAであるが，mRNA活性をもっていないこと（マイナス鎖）が明らかになった．1983年，Hullらは，CaMVは二本鎖DNAをゲノムとするが，その複製は通常のDNAの複製ではなく，逆転写を介したDNA → RNA → DNAという特徴的な複製の仕方をすることを明らかにした．その後CaMVは逆転写酵素の遺伝子をコードしていることが報告された．また，1990年代の初頭には，rice stripe virus（RSV）ゲノムは4分節のRNAからなり，RNA-2～RNA-4はプラス，マイナスの両極性を有するアンビセンスRNAであることが報告された．tomato spotted wilt virus（TSWV）M-およびS-RNAもRSV RNA-2～RNA-4と同様にアンビセンスである．

CaMVやTMVでは，ほかの植物ウイルスに先駆けてコードする遺伝子の機能が明らかになっていった．TMVを例にして説明する．TMVがコードする130 kDaと180 kDaタンパク質（130 kDa/180 kDaタンパク質）の共通部分に欠失が起こると，複製ができなくなることから，130 kDa/180 kDaタンパク質はRNA複製酵素であるとされた．TMVがコードする30 kDaタンパク質を人工的に欠失させると，プロトプラスト内では複製できるが，細胞間移行はできなくなる．このことから30 kDaタンパク質はTMVの細胞間移行に関わると考えられ，30 kDaタンパク質は移行タンパク質（movement protein）と呼ばれている．その後，TMVだけでなく，広く植物ウイルスがこのような機能をもったタンパク質をコードしていることが解明された．外被タンパク質のみを発現しないTMV変異株では複製も正常で，細胞間移行もするが，組織間移行しないことから組織間移行にはTMV外被タンパク質が関与する．一般に植物ウイルスの遠距離移行には外被タンパク質が，TMVをはじめ多くの植物ウイルスで報告されている．これは遠距離移行には粒子の形成が必須であることを示している．一方，遠距離移行に外被タンパク質を必要としないウイルスも報告されている．

*Agrobacterium tumefaciens*のTiプラスミドベクターを利用した高等植物における遺伝子組換え技術が確立すると，その技術は植物ウイルスの分子生物学的研究にも大きな影響を与えた．1986年，Abelらは，Tiプラスミドベクターを用いてTMVの外被タンパク質遺伝子を導入した形質転換タバコが，TMVに対して抵抗性を示すことを報告した．その後，ウイルス外被タンパク質遺伝子を利用して，ウイルス抵抗性植物を作出する実験も数多く行われ，良好な成果が得られている．たとえば，alfalfa mosaic virus（AMV），cucumber mosaic virus（CMV），potato virus X（PVX）の外被タンパク質遺伝子を導入して抵抗性植物が作出されており，外被タンパク質によるウイルス抵抗性付与技術の応用範囲の広さを示唆する．サテライトRNAのヘルパーウイルスに及ぼす影響は，多くの場合増殖の抑制とそれによる病徴の軽減である．このことを利用して，CMVやtobacco rattle virus（TRV）のサテライトRNAが導入された形質転換植物が作出され，そのウイルスに抵抗性のタバコ植物体が作り出された．ウイルスの

ポリメラーゼ遺伝子やその遺伝子のアンチセンス遺伝子，外被タンパク質遺伝子のアンチセンス遺伝子などを組み込んだ植物体も作出されている．しかしながらこれらの抵抗性にはタンパク質発現を必要としないことがわかり，RNA 介在抵抗性と呼ばれた．

遺伝子操作系の確立とともに，1980 年代半ばには植物に外来遺伝子を導入するためのベクターとして植物ウイルスの可能性が検討され，二本鎖 DNA ウイルスである CaMV，一本鎖 DNA ウイルスである ACMV，RNA ウイルスである BMV や TMV を用いてベクターが構築された．

宿主植物における抵抗性の発現が病原体のもつ非病原性と宿主の抵抗性遺伝子の組合せにより決定される（遺伝子対遺伝子説）．宿主植物のウイルス抵抗性遺伝子で最初に単離されたのは，TMV に対して過敏感反応（HR）を支配するタバコの *N* 遺伝子である．1994 年に Baker のグループは，*N* 遺伝子をトウモロコシのトランスポゾン Ac を用いたタギング法により分離した．*N* 遺伝子は全長の N タンパク質と，端の切り取られたタンパク質（N^{tr}）の 2 つをコードしており，完全な TMV 抵抗性を示すためには，N と N^{tr} の両タンパク質が必要である．N タンパク質は，3 つのドメインで構成されている．アミノ末端側から TIR ドメイン（ショウジョウバエの Toll タンパク質や哺乳類の interleukin-1 レセプターの細胞質ドメインと相同の領域），NBS（nucleotide binding site）ドメインおよび LRR（leucine-rich repeat）ドメインである．現在まで種々の病原体抵抗性遺伝子が，単離されているが，それらのいずれもが *N* 遺伝子と構造上の類似点が多い．また，1993 年には，Padgett と Beachy によって，ウイルス遺伝子として，TMV 複製酵素遺伝子（130/180 kDa gene）が HR 誘導を支配することが示された．続いて，1999 年には，Bendahmane らによって PVX に対して“高度抵抗性”を発現させる *Rx* 遺伝子がジャガイモから単離された．さらに *Rx* 遺伝子が導入された形質転換タバコが作出され，PVX に対して“高度抵抗性”を示した．また高度抵抗性を誘導するウイルス遺伝子（非病原性遺伝子）として外被タンパク質遺伝子が同定された．その後，トマトやシロイヌナズナからウイルス抵抗性遺伝子が単離された．また宿主植物抵抗性発現に関わる多くのウイルス遺伝子が同定されている．

ペチュニアの形質転換を作る過程で偶然転写後型ジーンサイレンシング（post-transcriptional gene silencing；PTGS）が発見された．すなわち，ペチュニア花弁の色素合成酵素に係わるカルコン合成酵素（*CHS*）遺伝子を過剰発現させるため，*CHS* 遺伝子を外来遺伝子として導入したところ，花弁の紫色が濃くなるという予想に反して，白色の花を咲かせる系統が高頻度で出現した．この現象はコサプレッション（co-suppression）と名付けられた．この発現抑制は，転写後に *CHS* mRNA が特異的に分解されるためであった．その後，コサプレッションは転写後型ジーンサイレシングと呼ばれるようになった．植物での PTGS の役割の一つはウイルスに対する防御であると考えられている．多くの植物ウイルスは PTGS を抑制するタンパク質（サプレッサー，suppressor）をコードしている．1998 年に，*Potyvirus* 属の tobacco etch virus（TEV）のヘルパー成分プロテアーゼ（HC-Pro）と *Cucumovinus* 属の CMV の 2 b が PTGS サプレッサーとして最初に同定された．その後多くの植物ウイルスのサプレッサータンパク質が同定されている．それらは，構造的に非常に多様であり，またその作用機作も一様ではない．PTGS とサプレッサーの強度のバランスによって，さまざまな様相（クロスプロテクション，混合感染による病徴の変化，モザイク症状，形態異常）を呈する．

1.2　ウイルスの定義

前節で述べた多くの研究成果を踏まえて，植物ウイルスを次のように定義することができる．

ウイルスは，1 分子ないし数分子の RNA または DNA からなる感染因子で，1 種類ないし数種類のタンパク質あるいは脂質タンパク質に覆われている．このようなウイルスは特定の宿主の細胞内でのみ複製することができ，その核酸を細胞から細胞に伝達することができる．ウイルスは複製を行うために，宿主の DNA 合成系，転写系あるいはタンパク質合成系を利用する．ウイルスは，ウイルス核酸の変異や組換えによって絶えず変異株や組換え体が生じる．

〔池 上 正 人〕

参 考 文 献

Fauquet, C. M., Mayo, M. A., Maniloff, J., Desselberger, U., Ball, L. A. (2005): *Virus Taxonomy: Classification and Nomenclature of Viruses; Eighth Report of the International Committee On Taxonomy of Viruses*. Academic Press, 1259 pp.

畑中正一編（1997）：ウイルス学．朝倉書店，646 pp.

Hull, R. (2002): *Matthews' Plant Virology 4th ed*. Academic Press, 1001 pp.

岡田吉美（2004）：タバコモザイクウイルス研究の 100 年．東京大学出版会，275 pp.

Zaitlin, M., Palukaitis, P. (2002): Advances in understanding plant viruses and virus disease. *Annu. Rev. Phytopathol.* **38**, 117-143.

2. ウイルスによる病徴

病徴（symptom）とは，ウイルスの感染によって引き起こされる植物体の異常のことである．ウイルスが感染した，あるいはウイルスが感染しうる植物を宿主植物（host plant）と呼ぶが，病徴は，ウイルスと宿主植物の相互作用の結果として認められる宿主における変化ということができる．菌類病や細菌病では，菌体が宿主植物表面に肉眼で認められることがあり，これを標徴（sign）と呼ぶが，ウイルス病ではウイルス粒子が超顕微鏡的な大きさであるため，ウイルス自体が植物上に肉眼で認められる標徴は知られていない．

宿主植物細胞へのウイルスの侵入および増殖の過程で，ウイルスは植物細胞の核酸合成系やタンパク質合成系に依存する．これが植物細胞の正常な代謝や細胞分裂を阻害し，その結果，さまざまな病徴が現れると考えられる．ウイルスによる病徴は，ウイルスの種と植物の種との組合せによって異なる．また，同一のウイルス種であっても異なる系統や分離株の存在，同一の植物種であっても，品種の相違，植物の生育状態（齢，温度，日照，栄養などの生育環境）や部位（葉，茎，根，花，果実，種子）などによって異なる．また，同一の植物個体であっても時間の経過とともに病徴は変化する．さらに，病徴の一時的な軽減や，消滅が認められることもある．また，一種のウイルスによる単独感染（single infection）による病徴は，そのウイルスがほかのウイルスと同時に感染する重複感染（double infection）あるいは混合感染（mix infection）による病徴と異なることが多い．このようにウイルスによる病徴は多様で，さまざまな条件によって変わりうる．したがって，病徴のみによって病原ウイルスの同定を行うことは容易ではない．しかし，主要なウイルスの種（species）や系統（strain）と宿主植物の種あるいは品種の組合せごとに，典型的な病徴があることは知られており，これが圃場におけるウイルス病の早期発見や簡易な同定に役立つ．また，病徴を正しく表現することは，ウイルス病の研究や記録に必要である．さらに，多くのウイルス名は，宿主植物名とその植物に現れる病徴によって表現されている．たとえば，イネ萎縮ウイルス（*Rice dwarf virus*；RDV）は和名，病名とも，このウイルス（RDV）がイネに感染して萎縮を起こすことから命名されている．また，エンドウ茎えそウイルス（*Pea stem necrosis virus*；PSNV）は，実際にはエンドウに感染して黄化や葉の壊疽も生じるものの，茎に壊疽症状を起こすことを特徴としてとらえて命名されている．病徴の種類とその激しさの程度によっては，穀類，特用作物，野菜，果樹，さらに花卉など観賞植物などの生産において，収穫や品質に影響を与えることから，病徴の観察や評価は農業生産上重要といえよう．さらに，ウイルス感染とそれに伴う病徴の出現は，農作物のみならず遺伝資源としてのすべての植物の健全な生育やそれらの保全においても影響を与えると考えられる．これらのことからも，ウイルス感染によって生じる病徴に対する十分な理解は大切である．

2.1　局所病徴と全身病徴

人工的にウイルスを接種した場合は，接種葉（inoculated leaf）に，ウイルスの侵入部位に生じる病徴の有無や種類を観察することができる．これを局所病徴（local symptom）と呼び，接種葉より上位の葉（上葉，upper leaf）に生じる全身病徴（systemic symptom）と区別する．局所病徴がとくに認められない場合から，特徴的な病徴を示す場合までさまざまである．中でも，宿主植物のウイルスに対する抵抗反応の一種である過敏感反応として接種葉に出現する各種の局所病斑（local lesion）は，ウイルスの同定あるいはウイルス量の推定にも利用さ

図 2.1　アイリス微斑モザイクウイルスにより *Chenopodium quinoa* の接種葉に生じた局所病斑（提供：井上成信博士）

れる．キュウリモザイクウイルス（*Cucumber mosaic virus*；CMV）とササゲ，トマト黄化えそウイルス（*Tomato spotted wilt virus*；TSWV）とペチュニアなどの例が挙げられる．なお，野外でウイルスによる病徴を観察する場合の多くは，ウイルスがすでに全身感染しており，その侵入部位は明確でなく，仮に局所病徴があっても識別することは困難である．

2.2　外部病徴および内部病徴

肉眼で観察できる植物の外観の異常を外部病徴，顕微鏡あるいは電子顕微鏡観

(a)　ジャガイモYウイルスとキュウリモザイクウイルスの混合感染したタバコに認められるモザイク（提供：M. C. Ali 博士）

(b)　カブモザイクウイルスによりダイコンに生じたモザイク

図 2.2　モザイク

察により細胞内に認められる異常を内部病徴として区別することができる．

a. さまざまな外部病徴

主要な外部病徴（outer symptom）は，以下のように表現される．

1）主として葉に現れ，変色を伴う病徴

モザイク（mosaic）　本来の緑色と，退緑して薄緑あるいは黄色味を帯びた緑色部が混在する病徴を表す．濃緑部が多いときに緑色モザイク，退緑部が多いときには黄色モザイクなどのように表現する例もある．モザイクは，ウイルスの典型的な病徴の一つであり，多くのウイルス病の病名やウイルス名にも使われている．

斑紋，モットル（mottle）　斑紋，モットル，あるいはモットリングは，モザイクと区別することが困難であるが，モザイクと同様に，本来の緑色と，退緑して薄緑あるいは黄色味を帯びた緑色部が混在する病徴を表す．モザイクより濃緑部分と退緑部がそれぞれ大きく，はっきりしている場合にこれらの語を使う傾向がある．色調により緑色斑紋，黄色斑紋などのように表現され，また，斑紋モザイク，黄斑モザイクのようにモザイクと組み合わせて表現する例もある．

葉脈透化（vein clearing），葉脈黄化（vein yellowing）　葉脈のみが退緑し，白色化あるいは黄化する．ミラフィオリレタスウイルス（*Mirafiori lettuce virus*；MiLV）に感染したレタスでは激しい葉脈透化によりビッグベイン（太

図 2.3　レタスビッグベイン病によるレタスの葉脈透化

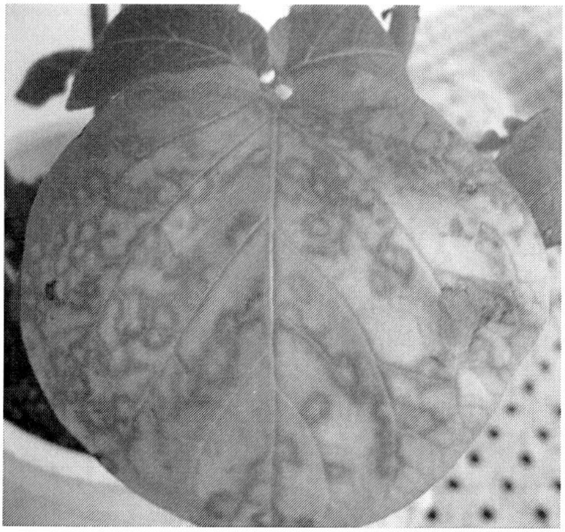

図 2.4　ジャガイモ Y ウイルスの一系統によりジャガイモ（品種 Maris Bard）の接種葉に生じた輪紋（提供：M. C. Ali 博士）

い葉脈，big vein）と呼ばれる病徴を呈する．

葉脈緑帯（vein banding）　葉肉部が退緑し，葉脈のみが退緑せずに残る．

条斑（streak）　モザイクや斑紋と同様に濃緑部と退緑部が混在する病徴であるが，単子葉植物などにおいて葉の葉脈に沿ってそれぞれが細長く進展する場合は，これを条斑と呼ぶ．条斑の色調により白色条斑，あるいは壊疽条斑のように表現する例もある．

斑点（spot）　白色あるいは褐色の小点．葉あるいは果実上に現れる．

輪点，輪紋（ring spot）　一重から数重に及ぶ白色あるいは褐色の同心円状の病斑．葉あるいは果実上に現れる．円形から楕円形，不整の楕円形などさまざまである．

白色壊疽（クロロ一シス，chlorosis）　葉緑体の異常により退緑し，白色あるいは灰白色になる壊疽．退緑部が小点に限定されるときは白色壊疽斑点（chlorotic spot），輪紋であるときは白色壊疽輪紋（chlorotic ring spot），葉脈に沿って広がるときは白色壊疽条斑（chlorotic streak）と表現される．

壊疽あるいは褐色壊疽（ネクローシス，necrosis）　葉の細胞の壊死により茶色になる壊疽．退緑部が小点に限定されるときは壊疽斑点（necrotic spot），輪紋であるときは壊疽輪紋（necrotic ring spot），頂葉が壊死するときは，頂葉壊疽（apical necrosis），葉脈に沿って広がるときは壊疽条斑（necrotic streak）

図 2.5 トマト黄化葉巻ウイルスによるトマトの黄化と巻葉
(提供：Ngo Bich Hao 博士)

と表現される.

2) 主として葉に現れ，変形を伴う病徴

葉巻（leaf roll），巻葉（leaf curl）　葉が葉脈を中心に筒状に巻く場合を葉巻，また，葉の巻き方が必ずしも葉脈中心でなく方向もさまざまである場合を巻葉とする考え方が一般的である．また，葉が表面に向かって上向きに巻く場合と，裏面に向かって下向きに巻く場合とがあり，前者を葉巻，後者を巻葉とする報告も多い．しかし，病徴として巻葉と葉巻の語は，しばしば厳密な区別なく用いられる．葉が巻くだけでなく，それに伴って，葉の萎縮，剛化などが認められることがある．

ひだ葉（enation）　葉脈部を中心に葉の一部がひだのように盛り上がる奇形．

腫瘍（gall）　盛り上がったこぶ状構造（腫瘍）を伴う奇形．*Fiji disease virus*（FDV）に感染したサトウキビでは，維管束部の異常増殖により葉の裏面に腫瘍状の病徴を示す．

糸葉（shoe string）　葉身部が未発達となり，葉脈部分の比率が高くなる奇形．葉身部がほとんどなく，葉脈のみが糸状に残る．

漣葉（crinkle）　葉に細かく不規則な凹凸が生じる．

図 2.6　パパイア輪点ウイルスにより葉脈部分のみとなる糸葉症状を呈するパパイア

縮葉（rugose）　葉全体が縮れ，しわになる．

上偏成長（epinasty）　葉の上面が下面より偏って成長するため葉が巻く．

3）花，果実あるいは種子に現れる病徴

葉状化（phyllody）　花の奇形の一種．花弁や雌ずいなどになるべきところが，変形変色し，緑色あるいは淡緑色の葉状となる異常．花器官全体あるいは一部で起きる．

斑入り（ふいり）（color breaking）　花弁に現われる色素異常．不規則なモザイクが認められる．チューリップモザイクウイルス（*Tulip breaking virus*；TBV）によるチューリップの花弁の斑入りが有名である．

図 2.7　インゲンマメ黄斑モザイクウイルスによるフリージアの花弁の斑入り

図2.8 キュウリモザイクウイルスによるトマトの果実すじ腐れ
(提供：夏秋知英博士)

不稔（aspermy）　開花不全，雄ずい，あるいは雌ずいの異常などに伴い，結実しない現象．トマトアスパーミィウイルス（*Tomato aspermy virus*；TAV）に感染したトマトでは葉が奇形となるほか，果実の内部を観察すると空洞化し，種子ができていない．

褐斑粒（seed coat mottling）　種子の種皮に斑紋が生じる．*Bean pod mottle virus*（BPMV）やダイズモザイクウイルス（*Soybean mosaic virus*；SMV）に感染したダイズなどで認められる．

果実でも，斑点，輪紋，矮化，奇形などの病徴が認められる．スイカ緑斑モザイクウイルス（*Cucumber green mottle mosaic virus*；CGMMV）に感染したスイカでは，内部に空洞を生じ，果肉は水浸状となる．この病徴はコンニャク果と呼ばれる．キュウリモザイクウイルス（*Cucumber mosaic virus*；CMV）ではトマト果実内部の維管束にすじ壊疽を呈する系統の存在が知られる．外部からは認められないが，成熟した果実を切断してはじめて観察できる病徴である．また，トマト黄化えそウイルス（*Tomato spotted wilt virus*；TSWV）では，ナスやトマトの茎や葉柄の壊疽とともに，その内部に空洞化を起こす．

4）根に認められる病徴

ウイルス感染によって宿主植物の生育が阻害され，根数，根長などにも影響を与えると考えられるが，農業上，顕著で問題となるのは，根菜類の根に認められる病徴である．品種によってはジャガイモ塊茎内部にジャガイモ葉巻ウイルス（*Potato leaf roll virus*；PLRV）により網状に見える壊疽が生じる．また，ジャ

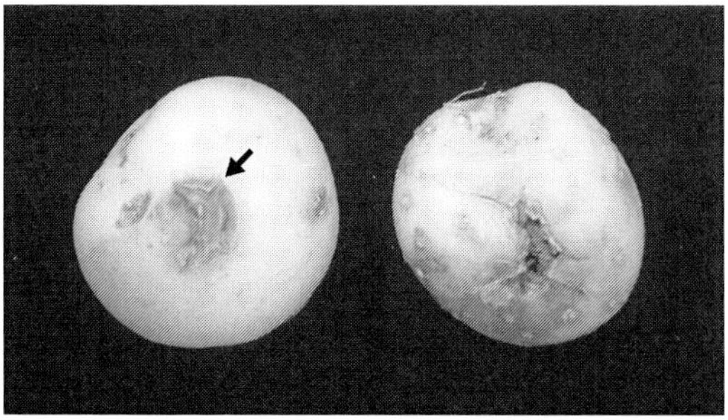

図 2.9　ジャガイモＹウイルスの一系統によりジャガイモ（品種　ニシユタカ）塊茎に生じた壊疽輪紋（提供：M. C. Ali 博士）

ガイモＹウイルス（*Potato virus Y*；PVY）の１系統（PVY^{NTN}）では塊茎表面に壊疽が生じ，これが次第に窪んだ病斑を形成する．テンサイの叢（そう）根病はビートえそ性葉脈黄化ウイルス（*Beet necrotic yellow vein virus*；BNYVV）による病気で，細根の多生や，根の表面が粗くなる病徴（粗皮）を示す．

5）主として植物体全体に影響を与える病徴

奇形（malformation，distortion，deformation）　葉，花，果実などの生育が不均一となり，その結果，形態が異常となる．

黄化（yellowing）　主として宿主植物の維管束が壊死することにより，葉および茎などの緑色が失われ，植物体全体が黄化する．黄化し，さらに株全体に萎凋が認められる病徴は黄萎と呼ぶ．このほかの色の異常として，赤化（reddening）や白化（whitening）がある．黄化に伴い，株全体が剛直になる場合も

図 2.10　イネツングロ病による黄化と矮化が認められる水田（インドネシア）．ツングロ病はアジアで多発する重要ウイルス病害の一つである．

ある．

矮化（dwarf），萎縮（stunt） 葉が小さく，また，節間が短くなり，宿主植物の草丈が低くなる．果実や花も小さくなる．

叢生（rosette） 枝分かれが異常に多くなる．宿主植物の先端の葉など，一部で起きることもある．

6）そのほかの外部病徴

木本では，草本とは異なる病徴が認められる．ステムピッティング（stem pitting）とは，木本の枝の内部にある木質部に小さな穴あるいは細長い溝（pit あるいは groove）を生じる病徴である．この溝によって，栄養分や水分の移行が妨げられ，長期的には，宿主植物は徐々に衰弱（decline）する．リンゴステムピッティングウイルス（*Apple stem pitting virus*；ASPV）やリンゴステムグルービングウイルス（*Apple stem grooving virus*；ASGV）によるリンゴの高接病でもこのような症状が接木部の周辺で生じる．これは穂木がウイルスに感染していた場合，ウイルスに感染していない台木との接続部に現れる，過敏感反応による病徴である．ウイルスの感染による病徴は軽微なものから重篤なものまでさまざまであるが，重篤な場合には宿主植物の衰弱（decline）さらには枯死（death）に至ることもある．

b. さまざまな内部病徴

顕微鏡観察により細胞内の葉緑体の減少や崩壊，細胞死や組織の崩壊，また，細胞数や細胞の大きさの異常が認められる．これらの異常が，モザイクや斑紋，壊疽，黄化，奇形などの外部病徴を引き起こしている．また，ミトコンドリア，核，細胞壁などにも形態の異常を生じる．このほかに，ウイルスの種によっては宿主植物の細胞内にウイルス感染に特有の異常構造が出現することが知られる．

結晶状封入体（crystalline inclusion body） 多数のウイルス粒子が細胞質内で結晶状構造を構成し，宿主細胞の超薄切片像の電子顕微鏡観察で認められる．この結晶状構造が大きく発達するウイルス種では，光学顕微鏡でも結晶状封入体として観察できる．タバコモザイクウイルス（*Tobacco mosaic virus*；TMV）はウイルス濃度が高く結晶する性質があり，感染したタバコの葉肉細胞，あるいは毛茸細胞に，針状の，あるいは，多角体状に形成した結晶が，光学顕微鏡でも観察される．ウイルス粒子の結晶が大型化して光学顕微鏡で観察される例としてはこのほかにウイルス粒子が束状に多数集合する *Potexvirus* 属がある．

顆粒状封入体（amorphous inclusion）またはX体（X-body）　ウイルス粒子に加え，ER膜の破片やリボソーム，微小管など宿主植物細胞内器官とその破片の集合体であり，大型化したものは光学顕微鏡でも不整形の顆粒状構造物として観察される．タバコモザイクウイルス（*Tobacco mosaic virus*；TMV）では，その感染によって細胞内器官由来の膜状構造物およびウイルス粒子からなる不整形の封入体が形成され，X体（X-body）とも呼ばれてきたが，ウイルスRNAやウイルス由来の移行タンパク質などを含むことからウイルス複製複合体（virus replication complex）とも呼ばれる．タバコ茎えそウイルス（*Tobacco rattle virus*；TRV）でも，また，*Carlavirus*属も，ウイルス粒子と膜状構造物などから構成される楕円から不整形の封入体が形成され，大型化したものは光学顕微鏡でも観察される．このほか，*Furovirus*属，*Tenuivirus*属，*Pomovirus*属，*Closteroviridae*科，*Allexivirus*属でもウイルス粒子と宿主植物細胞由来の膜状構造物あるいは管状構造物からなる封入体が形成される．

細胞質内封入体（cytoplasmic inclusion）　細胞質内に生じる異常構造である．なかでも，*Potyviridae*科のウイルスはすべて，筒状封入体（cylindrical in-

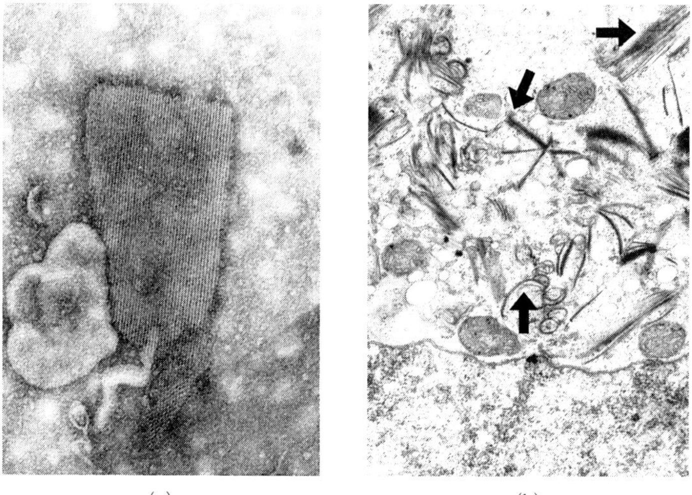

(a)　(b)

図2.11　(a) *Potyvirus*属ウイルス感染葉汁中に認められる層板状構造．細胞質内封入体の破片とみられる．（提供：井上成信博士）(b) *Potyvirus*属ウイルスに感染したアイリス葉肉細胞の超薄切片像．さまざまな細胞質封入体（→）が認められる．（提供：井上成信博士）

clution；CI）を細胞質内に形成するが，このCIはウイルス由来のタンパク質（約70 kDa）から形成される．細胞質の超薄切片の電子顕微鏡観察によって筒状あるいは風車状封入体（pin-wheel inclusion）が認められ，また，その破片と考えられる層板状構造物が植物汁液の電子顕微鏡観察で認められる．これら *Potyvirus* 属の細胞質封入体は，宿主植物の種類に関わらず，ウイルス種によってその形態は類似している．そのため，超薄切片観察による形態によって4型に分類される．すなわち，I型は風車状，巻物状（scroll）および束状（bundle）を，II型は風車状，束状，および層板状（laminated aggregate）を，III型は風車状，束状，巻物状および層板状を，IV型は風車状，束状，巻物状および短くやや湾曲した層板状の封入体を含むとして，*Potyvirus* 属ウイルスの診断基準ともなってきた．また，*Potyvirus* 属に感染した細胞の細胞質では，ウイルス由来のタンパク質（HC-Pro）およびその他のタンパク質が凝集した顆粒状封入体も形成される．このほか *Caulimovirus* 属，*Petuvirus* 属，*Soymovirus* 属，*Cavemovirus* 属，*Oryzavirus* 属，*Tenuivirus* 属も，各属に固有のタンパク質性の封入体を形成する．

核内封入体（nuclear inclusion）　*Potyvirus* 属の中には，2種のウイルス由来のタンパク質（NIaおよびNIb）から構成される結晶状の封入体を核内に形成する種がある．たとえば *Potyvirus* 属の *Tobacco etch virus* では細胞質内封入体に加えて，核内に結晶状封入体が電子顕微鏡で観察される．また，南部インゲンモザイクウイルス（*Southern bean mosaic virus*；SBMV）やトマトブッシースタントウイルス（*Tomato bushy stunt virus*；TBSV）などでは，核内に存在する多量のウイルス粒子が結晶状に認められる．

膜状構造物（vesicular body）　*Tombusviridae* 科では multivesicular body（MVB）と呼ばれるミトコンドリアなど植物細胞由来の膜状構造物が不整形に形成されるほか，*Tymovirus* 属，あるいは *Comovirus* 属，*Fabavirus* 属などでも主として宿主細胞由来と考えられる膜状構造物が超薄切片像の電子顕微鏡観察で認められる．*Tospovirus* 属のトマト黄化えそウイルス（*Tomato spotted wilt virus*；TSWV）では，宿主植物細胞質内に，ゆるやかな膜状構造物が出現し，その内部にウイルス粒子が認められる．

ビロプラズム（viroplasm）　細胞質内に形成される不整形で，電子顕微鏡観察では濃色に認められる電子密度の高い構造物の一部は，ウイルス粒子の形成の場であり，ビロプラズムと呼ばれる．ビロプラズム内部にはウイルス粒子が多数認められる．カリフラワーモザイクウイルス（*Cauliflower mosaic virus*；CaMV）を代表とする *Caulimovirus* 属，*Cytorhabdovirus* 属，*Tospovirus* 属，*Hordeivirus* 属などで知られている．また *Fijivirus* 属や *Nucleorhabdovirus* 属では核内にビロプラズムを生じる．

ウイルス粒子およびその結晶　多くのウイルス種では，電子顕微鏡観察によって，細胞質内や液胞内に散在，凝集，整列，あるいは結晶化したウイルス粒子が観察される．核内にもウイルス粒子が認められるのは，*Sobemovirus* 属，*Tombusviridae* 科に加え，*Trichovirus* 属，*Hordeivirus* 属，*Tombusvirus* 属などであり，*Tombusviridae* 科では葉肉細胞の葉緑体やミトコンドリア内にもウイルス粒子が認められている．一方，*Badnavirus* 属，*Tungrovirus* 属，*Oryzavirus* 属，*Luteovirus* 属，*Polerovirus* 属，*Closteroviridae* 科などは師部局在性ウイルスである．

c. 病徴を伴わない異常

ウイルス病防除に利用されるキュウリモザイクウイルス（*Cucumber mosaic virus*；CMV）の弱毒株ではトマト果実でのビタミンC含量の増加をもたらすことが報告されている．形態的な病徴に加えて，ウイルス感染により宿主植物には多くの生理的な変化が起きていると考えられる．

2.3 病徴の診断

a. ウイルスの病徴型

同一のウイルス種であっても系統によって，同一の宿主植物における反応が異なることがある．このように病徴によって類別される系統を，病徴型という．インゲンマメ黄斑モザイクウイルス（*Bean yellow mosaic virus*；BYMV）はインゲンマメの複数品種での病徴により普通型や壊疽型に，ダイズわい化ウイルス（*Soybean dwarf virus*；SbDV）はダイズでの病徴により黄化系統（YS）と矮化系統（DS）に類別されている．これらの系統は相互に，病徴が異なるだけでなく，遺伝子の塩基配列にも相違が見られる．

b. 指標植物

ウイルスにより典型的な病徴を示す植物を利用して，簡易な同定の指標とすることができる（表2.1）．このように利用される植物を指標植物（indicator

表 2.1　主要な指標植物とその病徴の例

指標植物（学名）	対象ウイルス	病　徴	その他
アマランチカラ	キュウリモザイクウイルス（CMV）	接種葉上に生じる赤く小さな壊疽斑点	全身感染しない
ササゲ	キュウリモザイクウイルス（CMV）	接種葉上に生じる褐色壊疽斑点	初生葉を利用
アマランチカラ，*Nicotiana glutinosa*，タバコ（品種 Samsun NN および Xanthi-nc），インゲンマメ	タバコモザイクウイルス（TMV）	接種葉に壊疽斑点	
アマランチカラ	ソラマメウイルトウイルス 2（BBWV-2）	接種葉に微小な中心部が壊疽する白色斑点，上葉の萎縮，モザイク，奇形	全身感染しない CMV との類別が可能
Nicotiana glutinosa	ソラマメウイルトウイルス 2（BBWV-2）	接種葉に白色輪紋，後に全身的な輪紋，モザイクなど	
ペチュニア	トマト黄化えそウイルス（TSWV）	接種葉に褐色斑点	リーフディスク法にも用いられる．全身感染しない．
タバコ（品種 Samsun NN）	トマト黄化えそウイルス（TSWV）	接種葉に壊疽斑点，全身に壊疽輪紋や奇形	
キュウリ	トマト黄化えそウイルス（TSWV）	初生葉に白色壊疽斑	
アマランチカラ	インゲンマメ黄斑モザイクウイルス（BYMV）	接種葉に白色壊疽斑点，後に全身感染し，葉脈壊疽，奇形など	
ソラマメ	インゲンマメ黄斑モザイクウイルス（BYMV）	接種葉に一過性の白色壊疽が生じ，後にモザイク．奇形．	

D. Noordam (1973): *Identification of plant viruses: Methods and experiments* などを参考に筆者作製

plant）と呼ぶ．なお，アマランチカラ（*Chenopodium amaranticolor*）など一部の植物は，主として指標植物としてのみ利用されることから，種子が市販されておらず，研究機関において維持されている．

c. 病徴と経時変化

ウイルスに感染した宿主植物であっても，外観から何の病徴も認められない場合，これを潜在感染（latent infection）あるいは無病徴感染（symptomless infection）と呼ぶ．また，病徴は一定ではなく，時間とともに軽減，あるいは進展して変化する．感染直後は病徴が認められなくても，次第に病徴が出現する場合もあり，また，感染直後は病徴が認められるものの一過性で，次第に病徴が観察できなくなる場合もある．病徴が軽くなっても，あるいはまったく認められなくなってもウイルスは宿主植物内に存在しているので，感染源として注意が必要である．一般的には，病徴が出現してからの時間が長ければ，病徴が進展し，より明確になることが多い．そのため，感染が生育の初期に起きれば，生育に与える影響もより大きくなると考えられる．一方，ウイルスによる病徴が一時的に肉眼では認められなくなる現象をマスキング（masking）と呼ぶ．キュウリモザイクウイルス（*Cucumber mosaic virus*；CMV）をはじめ各種のウイルスに感染した宿主植物においては，高温化でウイルス濃度が下がり，病徴が軽減し，外見は病気から回復（recovery）したかのようになるが，気温が低下するとともに再び，病徴が出現する．ネギ萎縮ウイルス（*Onion yellow dwarf virus*；OYDV）に感染したネギでは低温でマスキングが起き，高温で病徴が生じる．また，*Alphacryptovirus* 属，*Betacryptovirus* 属，*Endornavirus* 属の多くのウイルスに感染した宿主植物はまったく病徴を示さないが，これはウイルス濃度が低く，またジーンサイレンシングサプレッサーを有しないためと考えられている．

d. 生理的・遺伝的異常との比較

要素欠乏や生長調節剤を含む農薬の不適切な使用による薬害などによる芯どまりなどの生育異常，奇形，葉色の異常などはウイルスによる病徴と類似することがある．しかし，これらの異常は，その原因である土壌肥料条件の改善や農薬の分解により，新たに展開する葉では消滅することが多い．また，遺伝的な斑入りや特殊な形態も，ウイルスによる病徴と類似することがある．トランスポゾンによると考えられるものもある．アサガオの花の斑入りは日本で古くから多く作出されてきたが，ウイルスによるものではない．歴史的にも有名なチューリップの花の斑入りの多くはチューリップモザイクウイルス（*Tulip breaking virus*；TBV）が原因であるが，ウイルスによらずに花の斑入りや特殊な形態を楽しむ品種（レンブラント咲きなど）も作出されている．園芸作物で喜ばれる葉の斑入りや特殊な形態の多くも，遺伝的な形質であるが，ウイルスによる斑入り，モザイク，あるいは縮葉，ひだ葉，奇形などの病徴とも類似している．これらのうちには，ウイルスによる病徴を，品種の特徴としている例もあると考えられる．栄養繁殖する植物や多年生植物ではとくに，注意が必要である．これらのことより，生理的あるいは遺伝的原因による異常とウイルスによる病徴を厳密に区別する場合には，複数の手法によるウイルスの検出と分離，健全植物への人工接種試験による病徴の再現などによって判定しなくてはならない．なお，昆虫の食害によりウイルスによる病徴と類似する被害をもたらす例も知られる．キクモンサビダニに加害されたキクの葉には，ウイルス病の病徴とも見える淡黄色の斑紋や輪紋が生じ，紋々病と呼ばれる．

e. 病徴の記録

病徴を記録する際には，上記の病徴を示す用語に加えて，激しい（severe）あるいは穏やかな（mild）などの形容詞を用いて，その程度を表現することができる．病徴は経時的に変化することから，診断のためには病徴観察時の環境条件や宿主植物の状況などの記録も欠かせない．

f. 植物の機能と病徴

根に出現する病徴は，根における水分や栄養の吸収，転流，および貯蔵の機能に影響を及ぼし，その結果，植物の生育に影響を与えるだけでなく，根を収穫する根菜類ではその収量と品質に大きく影響する．茎に出現する病徴（壊疽，矮化，萎縮など）は，茎における植物体の支持および栄養の転流の機能に，また，葉に出現する多様な病徴（モザイク，壊疽，黄化，奇形など）はいずれも，葉における光合成などの機能を阻害するため，植物全体の生長に対して直接影響を与え農作物ではその収量を低下させることは明らかである．さらに，葉菜類では葉の，鑑賞植物では全体の外観にも影響して品質を低下させる．栄養繁殖器官である花，果実，および種子では，花弁や果実の外観が損なわれるための品質の低下，果実の不十分な結実，種子の発芽率低下などが起きる．ウイルスの感染によって出現する病徴は，植物の機能に影響し，農業上深刻な問題となることが理解されよう．

g. 病徴発現のメカニズム

植物に見られる病徴を，ウイルス感染によって引き起こされる植物の遺伝子の反応と考えると，その遺伝子発現のメカニズムを理解することも重要である．モデル植物であるシロイヌナズナ（*Arabidopisis thaliana*）の遺伝的に異なる背景をもつさまざまなエコタイプと，各種のカリフラワーモザイクウイルス（*Cauli-*

flower mosaic virus；CaMV）分離株を用いた研究をはじめ，多様なウイルスと植物の組合せを用いた研究から，病原ウイルスと宿主の双方の遺伝情報が病徴発現の有無や病徴の種類に関与していることが明らかになってきている．これらの研究により将来は，病徴の発現を抑制してウイルス病の被害を軽減することが期待されている．〔夏秋啓子〕

参考文献

Edwardson, J. R., Christie, R. G., Purcifull, D. E., and Petersen, M. A. (1993): Inclusions in diagnosing plant virus diseases. pp101-128, in *Diagnosis of Plant Virus Diseases*. Matthews, R. E. F. eds. CRC Press. USA.

Fauquet, C. M., Mayo, M. A., Maniloff, J., Desselberger, U. & Ball, L. A. (eds.) (2005): *Virus Taxonomy, VIIIth Report of the ICTV*. Elsevier/Academic Press.

Association of Applied Biologists (2005): http://www.dpvweb.net/

3. ウイルスの精製と定量

ウイルスの精製（purification，純化ともいう） とは，感染植物組織から感染性のあるウイルス粒子のみを単離することである．一般にウイルスの精製の基本原理は，次の２つに要約される．(1)ウイルスがタンパク質サブユニットでその外側を覆われていることから，タンパク質の単離方法に従っている．(2)ウイルス粒子の形や大きさが，細胞内顆粒や細胞タンパク質からウイルスを分離するのに使われる．ウイルスの中には粒子が不安定なものや精製用植物内でのウイルス濃度が低いものもある．このような場合には，ウイルスの精製は困難である．さらに，新規のウイルスの精製方法を検討する場合には，精製法の有効度を測定するための，局部病斑を形成する植物が見つかっていることが重要である．

3.1 感染植物の調整

ウイルス精製用植物（増殖宿主，propagative host）には，目的のウイルスが全身感染し，感染ウイルスの増殖が速く，かつウイルス増殖量の多いものを選ぶ．また，植物体の生育が早く，栽培が容易なこと，ウイルス精製過程中にウイルスを不活化したり，凝集したりするような成分が植物体内に含まれていないことも，ウイルス精製用植物の選択にとって重要である．タバコモザイクウイルス（tobacco mosaic virus；TMV)，ジャガイモＸウイルス（potato virus X；PVX)，ジャガイモＹウイルス（potato virus Y；PVY）の精製用植物として *Nicotiana benthamiana* が用いられる．

ウイルス精製用植物に接種するウイルス源（virus source，接種源ともいう）には，精製しようとしているウイルスの変異株やほかのウイルスが混入していてはいけない．もし混在している場合には，単一病斑分離法（local-lesion isolation）により，単一のウイルス系統を分離する．単一病斑分離法とは，局部病斑を形成する植物にウイルスを接種して，形成される局部病斑１個を切り取り，１滴の緩衝液とともにすりつぶして，再び局部病斑を形成する植物に接種することをいう．このような単一病斑分離を数回繰り返せば，単一のウイルス系統が得られる．これは，１個のウイルス粒子が一局部病斑を形成するということに基づいている．

3.2　ウイルスの精製法

植物ウイルスの精製法は，植物ウイルスの種類によって異なり，植物ウイルス間で共通した精製方法はない．次に，もっとも一般的な精製手順とその原理を述べる．全操作は 4 °C で行う．

a. 感染葉の磨砕（homogenization）

感染葉からのウイルスの抽出は感染葉を緩衝液の中で磨砕して行う．この際，緩衝液の種類やイオン強度が重要である．ある種のウイルスはその感染性や構造維持のため 2 価のカチオン（Ca^{2+} や Mg^{2+}）が必要であるが，0.001 M 以上の Mg^{2+} 濃度で凝集し，0.1 M 以上の Mg^{2+} 濃度で崩壊するウイルス（アルファルファモザイクウイルス）もある．このような場合には，EDTA のようなキレート剤を加えてこれを抑える．感染葉を磨砕するとフェノール性の物質の酸化が起こり，汁液が褐変してウイルスの精製を困難にするので，植物磨砕用緩衝液に還元剤（亜硫酸ナトリウム，チオグルコール酸，2-メルカプトエタノール，システイン塩酸）や酸化酵素阻害剤（KCN，NaN_3）などが添加される．

b. 感染葉磨砕液の清澄化

ウイルス感染葉磨砕液（homoginate）中には，ウイルスとともに，いろいろな大きさの細胞成分が含まれる．ウイルス精製の初期の段階で，このような巨大分子をできるだけ除去しておくことは，その後のウイルス精製を容易にする．感染葉磨砕液の清澄化（clarification）の方法は，有機溶媒を使って植物成分を変性・除去する方法である．粗汁液をクロロホルム，n-ブタノールなどの有機溶媒とともに攪拌した後，低速遠心すれば，ウイルスは水相に残り，変性した物質は中間層あるいは有機溶媒層にみられる．この方法は，感染葉磨砕液の清澄化に有効であるが，ウイルスによって有機溶媒の適否があるので，ウイルスごとに検討する必要がある．

c. ウイルスの濃縮

1）高速遠心

高速遠心はウイルスの濃縮（concentration）法として一般的な方法である．

多くのウイルスは40000～100000×gの高速で1～2時間遠心すれば，沈殿する．この方法は，宿主細胞由来の低分子成分の除去にも役立つので，高速遠心と低速遠心を繰り返して，ウイルスの濃縮精製を行うことができる．なお，高速遠心と低速遠心を繰り返すことを分画遠心分離（differential centrifugation）という．

2）ポリエチレングリコール

多くのウイルスは，ポリエチレングリコール（polyethylene glycol；PEG）の水溶性単相系で選択的に濃縮することができることから，ウイルス溶液の清澄化にも繋がる．ウイルスの沈殿はPEGの濃度やイオン強度に依存する．PEGによるウイルス濃縮条件はそれぞれのウイルスによって異なる．一般には，4～8%（w/v）PEGおよびNaClなどでイオン強度を0.2 Mに調整し，低速遠心すれば，ウイルスが沈殿として得られる．また，PEG逆濃度勾配遠心もウイルスの濃縮には有効である．

3）密度勾配遠心

密度勾配遠心（density-gradient centrifugation）には，速度ゾーン密度勾配遠心法（rate zonal gradient-density centrifugation）と平衡密度勾配遠心法

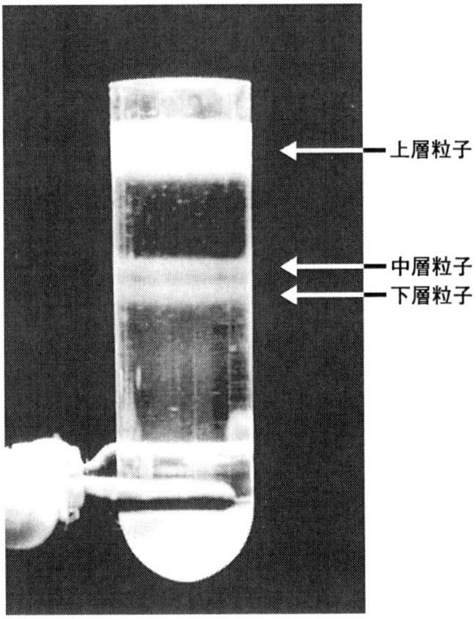

図3.1　パチョリマイルドモザイクウイルス粒子のショ糖密度勾配遠心．下層粒子にはRNA 1，中層粒子にはRNA 2が含まれている．上層粒子は空粒子で，RNAは含まれていない．

(equilibrium density-gradient centrifugation) がある．ウイルス精製の最終段階で，速度ゾーン密度勾配遠心法と平衡密度勾配遠心法のいずれか，あるいは両者を併用することにより，純度の高いウイルス標品を得ることができる．速度ゾーン密度勾配遠心法は，あらかじめ作製したショ糖勾配（通常 10～40%（w/v））にウイルス溶液を重層し，水平ローターで 40000～100000×g, 1～2 時間遠心する方法である．ウイルス粒子はそれぞれの沈降速度に応じて沈降帯を形成する．ウイルスが高濃度の場合には，遠心管の上方から強い光で照射すると，ウイルスの沈降帯が肉眼で観察される（図 3.1）．このウイルス沈降帯は注射器で回収するか，あるいは，密度勾配フラクションコレクターによって分画して分取する．非平衡状態においてウイルスの位置を決めるのは，粒子の大きさ，形状，密度である．

平衡密度勾配遠心法には，濃度勾配をあらかじめ作製しておく方法と，遠心中に作る方法の 2 通りがある．平衡密度勾配遠心法は，塩化セシウム（CsCl），硫化セシウム（Cs_2SO_4）などの無機塩類を，通常 6～9 M の範囲で用い，遠心はたとえば Beckman SW40Ti ローターを用いて 35000 rpm で 24～40 時間行う．長時間遠心を続けると，粒子の大部分はその粒子の密度に等しい位置にまで密度勾配の中を移動して静止する．ウイルスの中には，無機塩類によって崩壊するものもあるので，このような場合には平衡密度勾配遠心法は使用できない．

4）純度の検定

ウイルスの純度（purity）とは，精製されたウイルス試料から細胞由来の成分がどれだけ除かれているのかの程度を意味し，ウイルスを化学的に分析する場合には，純度の高いウイルス試料が必要である．純度の検定には，(1)電子顕微鏡による観察，(2)超遠心分析などの方法が併用される．

5）ウイルスの定量法

もっともよく用いられるウイルスの定量法には，(1)植物に対する感染性を測定する生物的定量法，(2)ウイルス精製試料の紫外線吸光度による方法，(3)血清学的方法がある．

i）生物的定量法　生物的定量法でもっともよく用いられる方法は局部病斑法である．この方法は，精製ウイルス溶液の定量のほか，粗抽出液中のウイルス量をも定量することができる．局部病斑法では，接種葉に局部病斑を形成する宿主植物が用いられる．たとえば，TMV の局部病斑法による定量では，*Nicotiana glutinosa*，N 因子をもつタバコ（Xanthi nc，Samsun NN など）が用いられ，キュウリモザイクウイルス（cucumber mosaic virus；CMV）の局部病斑法による定量では，ササゲ（品種黒種三尺など），*Chenopodium amaranticolor* が用いられる．

局部病斑法には，1葉のうち主脈を境として半葉には未知の濃度のウイルスを，その対峙葉には既知濃度のウイルス試料を接種して，形成される局部病斑数を比較する半葉法（half-leaf method）と，ササゲの初生葉のような小さい葉の場合には，相対する葉にそれぞれ既知濃度のウイルスと未知濃度のウイルスを接種して，その局部病斑数を比較する対葉法（opposite-leaf method）とがある．

ii）紫外線吸光度による定量　この方法は，純度の高いウイルス試料にのみ適用することができる．核酸の紫外線吸収曲線は 260 nm に吸収極大，230 nm に吸収極小を示す．また，タンパク質の紫外線吸収曲線は 250 nm に吸収極大，230 nm に吸収極小を示す．核タンパク質である植物ウイルスの紫外線吸収曲線は，260～265 nm に吸収極大，240～245 nm に吸収極小を示す（図 3.2）．あらかじめウイルスの mg 数と，260 nm の吸光度の関係を示す検量曲線を作っておき，260 nm の吸光度（absorbancy，*A*）からウイルス濃度を検出することがで

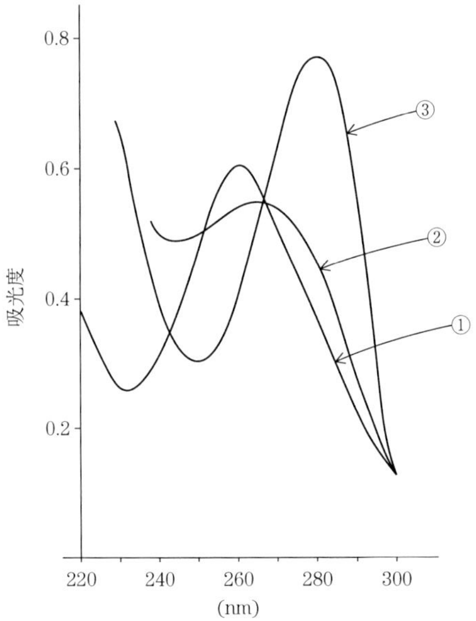

図 3.2　TMV とその成分の紫外線吸収曲線
① TMV-RNA，② TMV 粒子，③ TMV タンパク質

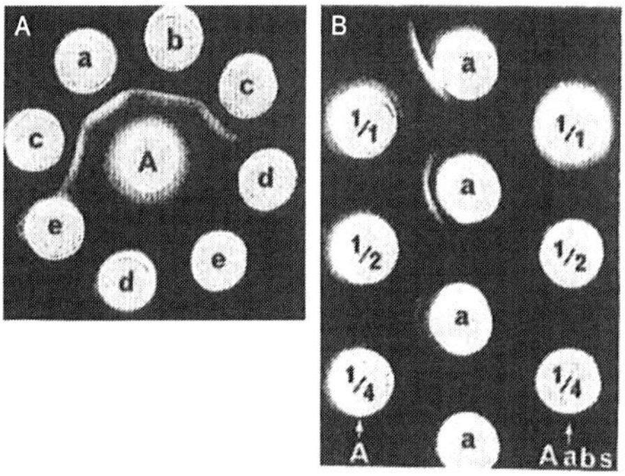

図3.3 二本鎖RNAウイルス（FDV，RDV）の二重拡散法（寒天ゲル拡散法）
(A)A：RDV抗血清　a：FDV感染葉磨砕液　b：FDV核酸　c：poly(I)：poly(C)　d：健全葉磨砕液　e：宿主植物核酸
すべての沈降線が融合している．
(B)a：FDV感染磨砕液　A：RDV抗血清（段階希釈）　Aabs：段階希釈されたRDV抗血清にpoly(I)：poly(C)を添加
FDV感染葉磨砕液とRDV抗血清の間で形成された沈降線はRDV抗血清にpoly(I)：poly(C)を添加することにより消失した．

きる．ウイルスの吸光係数（extinction coefficient）（$E^{0.1\%}_{1\,cm,260\,nm}$，0.1%（1 mg/ml）のウイルス試料を1 cmの光路長で測定した260 nmでの吸光度）がわかっている場合には，その値からウイルス濃度を計算することができる．ウイルスの吸光係数は，中性pHのウイルス溶液において，ウイルス濃度1 mg/mlの260 nmでの吸光度（石英キュベットの吸収層の厚さ1 cm）をいう．TMV（RNA含量5%），CMV（RNA含量18%），タバコネクロシスウイルス（tobacco necrosis virus；TNV）（RNA含量18.7%），タバコ茎えそウイルス（tobacco rattle virus；TRV）（RNA含量42%）の吸収係数は，それぞれ3.1，5.0，5.6，12.8である．

iii）血清学的定量法　試料中の抗原量を，二重拡散法，酵素結合抗体法（ELISA法やDIBA法）などによって測定する．それぞれの方法については第12章を参照．ウイルス粒子の外被タンパク質との反応によって定量する方法で，ウイルス活性の定量ではない．Fiji disease virus（FDV），イネ萎縮ウイルス（rice dwarf virus；RDV），maize rough dwarf virus（MRDV）などの二本鎖RNAウイルスの抗血清には，二本鎖RNAに対する抗体も含まれているので，血清学的定量を行うときには注意が必要である（図3.3）．　〔池上正人〕

参考文献

Hull, R. (2002)：*Matthews' Plant Virology 4th ed*. Academic Press, 1001 pp.

池上正人（1987）：植物ウイルス，新基礎生化学実験法 1，生物材料の取扱い（中嶋暉躬ほか編）．丸善株式会社，242-257．

大木　理（1997）：植物ウイルス同定のテクニックとデザイン．日本植物防疫協会，184 pp.

Ikegami, M. and Francki, R.I.B. (1973): Presence of antibodies to double-stranded RNA in sera of rabbits immunized with rice dwarf and maize rough dwarf viruses. *Virology* **56**, 404-406.

4. ウイルス粒子の構造

4.1 ウイルス粒子の形態

植物ウイルスの粒子形態はバクテリオファージや動物ウイルスなどのウイルスに比べて比較的単純であると言える．図4.1に示すように，棒状（rod-shaped），ひも状（filamentious），球形（icosahedral），桿菌状（bacilliform），双球状（geminate）などに分けられる．このように，ウイルス粒子はさまざまな形態をとるが，粒子構造の簡単なものは核酸の芯とタンパク質の外殼（カプシド）のみからなる．電子顕微鏡でウイルス粒子として観察されるのはカプシドの形態である．外膜をもつウイルスもある．外膜をもつウイルスとしては，*Rhabdoviridae*（ラブドウイルス科）および *Tospovirus* 属のみが知られている．rice stripe virus（RSV；*Tenuivirus* 属）は長形ウイルスではあるが，枝分かれあるいは環状粒子として，特異な形態をもつ．大きさについては，turnip yellow mosaic virus（TYMV；*Tymovirus* 属，約30 nm），tobacco mosaic virus（TMV；*Tobamovirus* 属，300 nm），potato virus Y（PVY；*potyvirus* 属，680～900 nm）のものから，beet yellows virus（BYV；*Closterovirus* 属，1200～2000 nm）の大きさの範囲に分布している．

4.2 ウイルス核酸

ウイルスは，核酸成分として一本鎖（single-stranded）RNA（直鎖状），二本鎖（double-stranded）RNA（直鎖状），一本鎖DNA（環状），二本鎖DNA（環状）のいずれか1つをもっている．一般に，棒状ウイルス，ひも状ウイルスのRNA含量は5～6%であり，球形RNAウイルスのRNA含量は，15～43%である．DNAウイルスのDNA含量は17～19%である．外膜をもつ *Rhabdoviridae* に属するウイルスのRNA含量は約1%と低い．一本鎖RNAには，プラス鎖（直接RNA依存RNAポリメラーゼを翻訳することができ，RNAそのものに感染性がある）のものと，マイナス鎖（直接RNA依存RNAポリメラーゼを翻訳することができず，RNAそのものに感染性がない）のものがある．

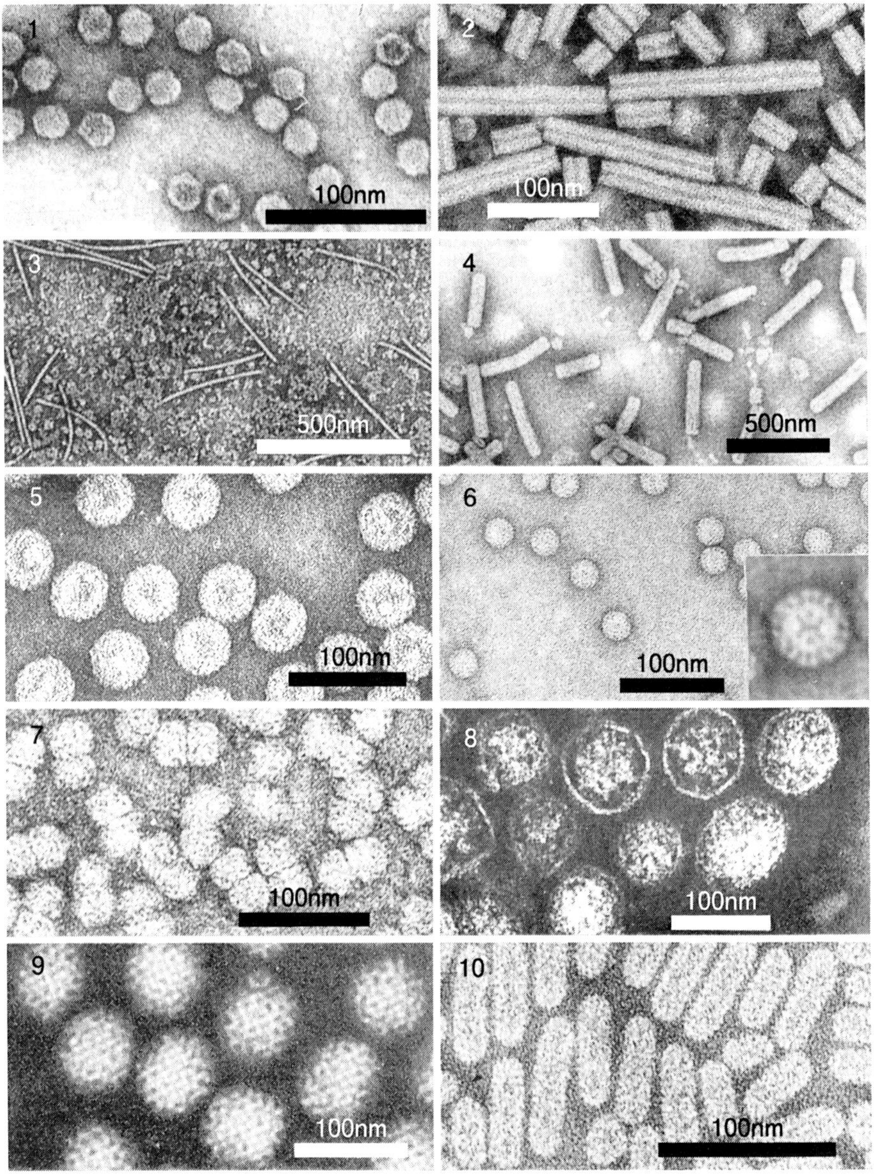

図 4.1 植物ウイルスの電子顕微鏡像

1．cowpea mosaic virus 2．tobacco rattle virus 3．potato virus Y 4．Northern cereal mosaic virus 5．CaMV 6．cucumber mosaic virus 7．mung bean yellow mosaic virus 8．tomato spotted wilt virus 9．rice dwarf virus 10．alfalfa mosaic virus．（出典；CMI/AAB: Descriptions of Plant Viruses）

二本鎖RNA（*Reoviridae* に属するウイルス）は，アデニンがウラシルと，シトシンがグアニンと水素結合して，二本鎖DNAのような二重らせん構造をとっている．*Caulimoviridae* に属するCaMVは環状二本鎖DNAをゲノムとし，α 鎖には1箇所のギャップ（切れ目）があり，もう一方の鎖（β 鎖）には2箇所のギャップがある．

真核生物のmRNAは5′末端にはキャップ構造が，3′末端にはポリA配列が存在するが，mRNA活性のあるウイルスプラス一本鎖RNAの末端構造は，mRNAと異なり，さまざまな構造をとっている．(1) *Tobamovirus* 属，*Bromovirus* 属，*Cucumovirus* 属や *Tymovirus* 属ウイルスなどのRNAの5′末端には，ウイルスがコードするタンパク質によって，GTPのグアニンの7位がメチル化されたキャップ構造（$m^7G^{5'}ppp^{5'}Np$）が存在する．このメチル化は，TMVの場合は，126 kDaタンパク質，brome mosaic virus（BMV）の場合はRNA-1によってコードされている1aタンパク質によって行われる．(2) *Potyvirus* 属や *Comovirus* 属ウイルスのRNAの5′末端には，ウイルスによってコードされるタンパク質（VPg；genome-linked viral protein，ゲノム結合タンパク質）が結合している．VPgはウイルス合成に際して新たに合成されるプラス鎖RNAが5′から3′方向に伸長する際にプライマーの役割を果たしていると考えられる．(3) *Potyvirus* 属や *Comovirus* 属ウイルスなどのRNAの3′末端にはポリA配列が存在する．ポリA配列の長さは不ぞろいで，clover yellow mosaic virus（ClYMV）の場合75～100塩基，cowpea mosaic virus（CpMV）RNA-1は25～170塩基，RNA-2は25～370塩基である．(3) *Tobamovirus* 属，*Tobravirus* 属，*Tymovirus* 属，*Bromovirus* 属や *Cucumovirus* 属ウイルスなどのRNAの3′非翻訳領域にtRNA構造が存在する．この構造は，マイナス鎖RNA合成のプライマーとしての役割を果たすと考えられる．

4.3 ウイルスゲノムの分布様式

ウイルス粒子内にウイルスゲノムが単一の核酸分子として存在する場合と，2種以上の分節として存在する場合がある．前者のようなゲノムを単一ゲノム（monopartite genome），後者のようなゲノムを分節ゲノム（segmented genome）という．とくに，2つの粒子に分かれている場合を二粒子分節ゲノム（bipartite genome）といい，3つの粒子の場合三粒子分節ゲノム（tripartite genome）という．二粒子分節ゲノムのウイルスには，*Comoviridae*（コモウイルス科）や *Tobravirus* 属に分類されるウイルスがあり，三粒子分節ゲノムのウイルスには *Bromoviridae*（ブロモウイルス科）に属するウイルスがある．二粒子分節ゲノムのウイルスと三粒子分節ゲノムのウイルスをまとめて多粒子系ウイルス（multipartite virus）とも呼ぶ．

分節ゲノムが1個のウイルス粒子内に存在する場合のゲノムを単粒子分節ゲノム（segmented genome within single particle）という．植物レオウイルスや *Tospovirus* 属ウイルスがこれに該当する．

4.4　ウイルス粒子の構造

ウイルス粒子（ビリオン，virion）の基本構造は，ゲノムとしてRNAまたはDNAのいずれか一方をもち，それをタンパク質の外被が包んでいる．タンパク質の外被をカプシド（capsid）という．カプシドのなかにウイルスゲノムが包含された状態の粒子をヌクレオカプシド（nucleocapsid）という．カプシドには，らせん型と正二十面型がある．らせん型は核酸のらせん軸に沿って構造単位（structural unit）がらせん型に配列する様式である．構造単位はサブユニット（subunit）またはタンパク質サブユニット（protein subunit）と呼ばれる．正二十面型は，形態的単位（morphological unit）が正二十面体に配列する様式である．形態的単位はカプソメア（capsomere）またはカプソマー（capsomer）と呼ばれている．これは構造単位の集合したものである．ネガティブ染色したウイルス粒子を電子顕微鏡で観察するとき，明瞭な突起物構造が多数配列して観察されることがある．この個々の構造は形態的単位である．

a. らせん型カプシドをもつウイルス

1) TMV

植物ウイルスの中で最初に構造モデルが完成したのはTMVである．TMV粒子は長さ300 nm，幅18 nmの棒状で，1分子の一本鎖RNAをもつ．TMV粒子は，単一成分のタンパク質サブユニットが右巻きにらせん状に会合して形成される（図1.2）．らせんのピッチは23オングストローム，らせん3巻きに49個のサブユニットが存在し，サブユニットの総計は約2100個である．TMV粒子の分子量は 4×10^7 である．TMV RNA分子は個々のタンパク質サブユニットの中を通り抜けているのではなく，サブユニットとサブユニットの間のスペースに埋め込まれている．ウイルス粒子中でのゲノムRNAと外被タンパク質，各アミ

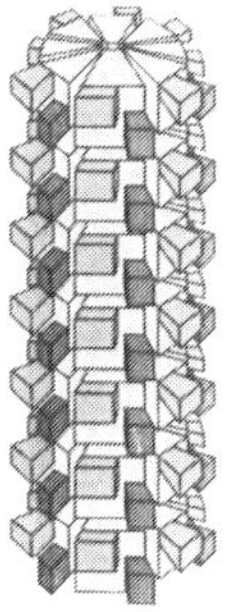

図 4.2　PVY 粒子の構造モデル
サブユニットのN末端30アミノ酸（大きい方形）およびC末端19アミノ酸（小さい方形）がそれぞれ粒子の外側に出ている
（出典：Fauquet, C. M. Mayo, M. A., Maniloff, J., Desselberger, U., and Ball, L. A.（2005）: *Virus Taxonomy: Classification and Nomenclature of Viruses; Eighth Report of the International Committee On Taxonomy of Viruses*. Academic Press）

ノ酸残基の空間での位置関係が明らかになっており，N末端およびC末端は粒子の中心軸からみて外の方向に向かっている．

TMVが細胞に感染した際にはウイルス粒子はゲノムRNAの5′末端の方から外被タンパク質がはがれる．その際にリボソームがゲノムRNAの5′端から翻訳を開始する．リボソームが3′端の方向に進行するにつれ，外被タンパク質が半ば強制的にはがれていく．

2）potato virus Y（PVY）

ひも状ウイルスは，上述の棒状ウイルスの場合と同じくらせん構造をとる．ここでは，ひも状ウイルスの代表ウイルスとしてPVYの粒子構造について述べる．PVY粒子は径約11 nm，長さ約740 nmで（図4.1），1分子のゲノム一本鎖RNAと単一成分の外被タンパク質サブユニットがらせん状に連なってできている．らせんピッチは3.3 nmである．外被タンパク質は分子量30000，276アミノ酸からなる．ウイルス粒子には外被タンパク質のほかに，ゲノム結合タンパク質（VPg）も含まれている．外被タンパク質サブユニットのN末端側約30アミノ酸およびC末端側約19アミノ酸はそれぞれ粒子の外側に出ている（図4.2）．サブユニットの中心殻領域はゲノム核酸に結合して粒子を構築している．

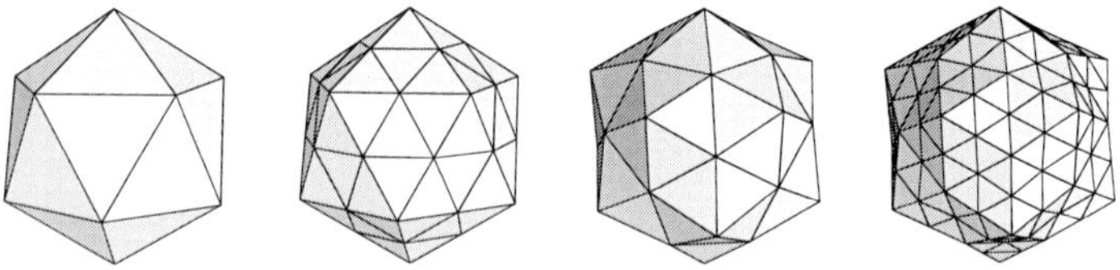

図 4.3　正二十面体型三角多面体（出典：Casper, D. L. D., Klug, A. (1962): Physical principles in the construction of regular viruses. *Cold Spring Harbor Symp. Quant. Biol*. **27**, 1-24.）
$T=1$ は正二十面体の基本形

b. 正二十面体カプシドをもつウイルス

植物ウイルスの球状粒子については，構造ユニットが正二十面体状に配列している．正二十面体ウイルスの構築様式について次のような理論が出された．正二十面体ウイルスのカプシドを構成しうる構造単位の最大数は各面に 3 個ずつ，総数 60 個になる．しかし，ほとんどのウイルスのカプシドは 60 個以上の構造単位からなっている．今 60 個以上のサブユニットを用いてカプシドをつくるには正二十面体の各三角形をさらに多数の三角形（この数を三角分割数といい，T で表す）で格子状に区分し，それぞれに 3 個のサブユニットを配置するという理論である（準等価説）．カプシド全体の三角格子の総数は $20T$ となる（図 4.3）．

正二十面体ウイルスカプシドのカプソメアはサブユニットが集合したもので，6 つあるいは 5 つのサブユニットが集合して，それぞれヘキサマー（hexamer）あるいはペンタマー（pentamer）を形成する．ペンタマーは正二十面体の頂点の位置に，ヘキサマーはその他の位置に配置する．

サブユニット数とカプソメア数との関係について述べる．正二十面体の一面を構成できる正三角形分割数を T で示し，サブユニットの数は三角格子あたり 3 個と考えると，サブユニットの総数は，1 面で $3T$ となるので，正二十面体全体で $20\times3T=60T$ となる．正二十面体各頂点で 5 個のサブユニットが，その他の位置で 6 個のサブユニットが集合して 1 個のカプソメアを形成する．したがって，頂点は 12 個あるので，粒子全体におけるカプソメアの総数は $12+(60T-12\times5)\times1/6=10T+2$ となる．

準等価説は，ウイルス構築の基本原則に関するみごとな学説として評価されて今日に至っているが，その後諸種ウイルスの微細構造の解析，とくに構造ユニットの分子レベルの解明が進むにつれて，仮説と矛盾もしくは逸脱した知見も次々

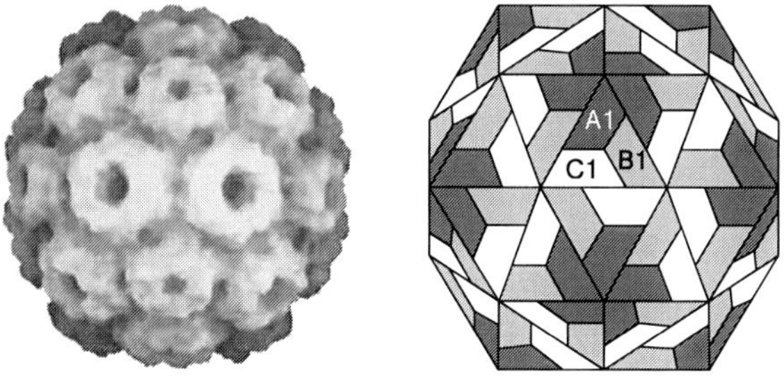

図 4.4　*Cucumovirus* 属，*Bromovirus* 属，*Tymovirus* 属，*Ilarvirus* 属ウイルス粒子の構造モデル．3 色に分けたサブユニットは化学的に同一である．（出典：図 4.2 に同じ）

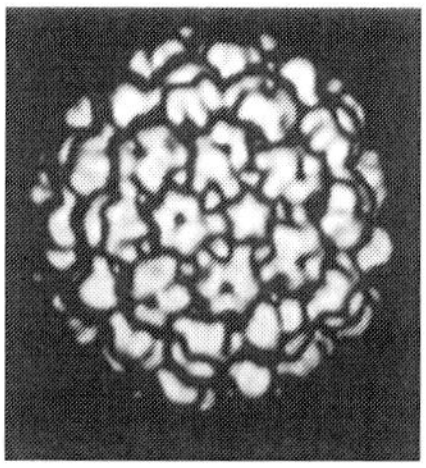

図 4.5　CaMV 粒子の構造モデル（出典：図 4.2 に同じ）

に提出され，末梢的な修正や補足がなされている．

$T=1$ の構造：tobacco necrosis virus（TNV）に付随するサテライトネクロシスウイルス（STNV）は径 17 nm のもっとも小さな球状ウイルスである．STNV は 12 個のペンタマーからなり，タンパク質サブユニットの総数は 60 個である．

$T=3$ の構造：多くの小球状ウイルスがこの構造をとっている．*Cucumovirus* 属の CMV で代表される構造である．CMV は径 29 nm の球状ウイルス（図 4.1）で，180 個の外被タンパク質サブユニットと一本鎖 RNA が自己集合して粒子を形成する．ペンタマーは 12 個ある頂点に，ヘキサマーは 20 個ある正三角形の面に位置する（図 4.4）．CMV 粒子は安定性が低く，リンタングステン酸による逆染色では粒子の崩壊がみられる．低濃度の陰イオン界面活性剤や高濃度の塩化リチウムなどの存在下で容易に核酸とタンパク質に解離する．CMV のほかに，*Tymovirus* 属の TYMV，*Bromovirus* 属の brome mosaic virus（BMV）

や *Ilarvirus* の tobacco streak virus（TSV）がこの構造である．

$T=7$ の構造：cauliflower mosaic virus（CaMV）にみられるサブユニットの配置である．CaMV 粒子の構造モデルを図 4.5 に示した．CaMV は直径 50 nm の球状ウイルスで，カプシドは 72 個のカプソメアが $T=7$ の正二十面体モデルに準じて配置されており，その正二十面体の頂点ではカプソメアが 5 つのサブユニットタンパク質から構成され，その他の位置では 6 つのサブユニットタンパク質が配置された，総数 72 のカプソメア，420 のサブユニットタンパク質によってカプシドが形成されている．

c. その他のウイルス

1）植物ラブドウイルス

植物ラブドウイルスは両側が丸みをもち，桿菌状である（図 4.1）．その構造は複雑である．粒子を構成している組成は，タンパク質 70%，脂肪 25%，多糖類 4%，RNA 1% である．ウイルスがコードするタンパク質のうち，N タンパク質はゲノム RNA と堅く結合してリボヌクレオカプシドを形成する．リボヌク

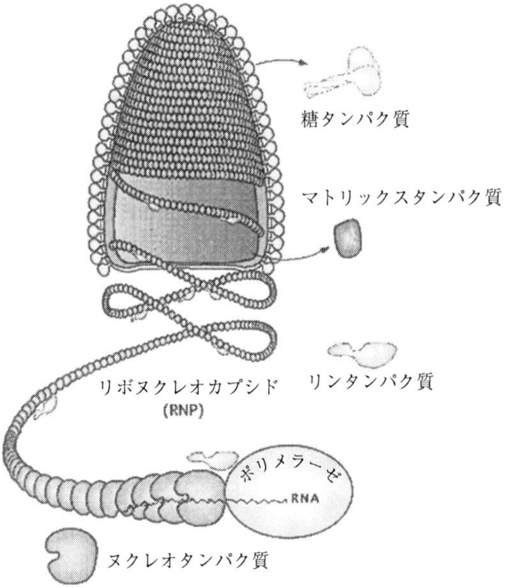

図 4.6 ラブドウイルス粒子の構造モデル
（出典：図 4.2 に同じ）

レオカプシドを包んでいる膜にはマトリックスタンパク質(M)が存在し，その膜に糖タンパク質(G)が突き刺さるように存在する．粒子の構造モデルを図 4.6 に示す．

2）植物レオウイルス

i）*Phytoreovirus* 属ウイルス　rice dwarf virus（RDV）の粒子形態を図 4.1 に示す．純化ウイルス粒子は，内殻と外殻の 2 重殻構造をとり，粒子の直径は 70〜80 nm で，コア（内殻）の直径は 30〜40 nm である．RDV のカプソメアは 5 または 6 個の中空の管状構造体で構成され，その構造体の大きさは直径 60 nm，大きさは 9.5 nm である．正二十面体の頂点にペンタマー，面にはヘキサマーの構造単位が存在する．*Phytoreovirus* 属に属するほかのウイルス，wound tumor virus（WTV）は，正二十面体のカプシドからなり，カプソメアは 92 個である．粒子の直径は 70〜80 nm で，コア（内殻）の直径は 30〜40 nm である．

ii）*Fijivirus* 属ウイルス　*Fijivirus* 属ウイルスの粒子形態と粒子の構造モデルを図 4.7，4.8 に示す．ウイルス粒子は直径 65〜70 nm で，内殻と外殻の 2 重殻構造をとる．外殻の表面に 12 個の A スパイク（長さ，幅ともに 11 nm）と

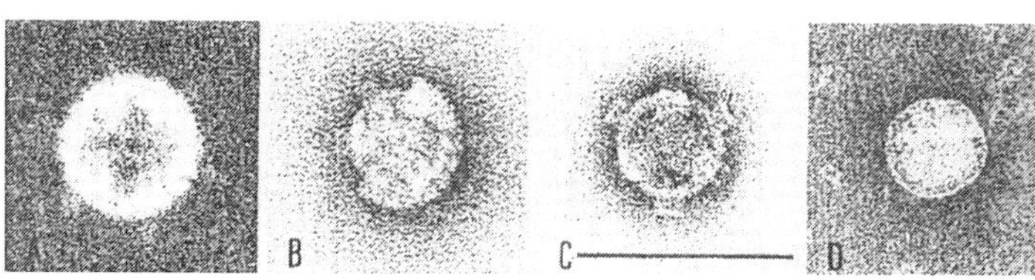

図 4.7　maize rough dwarf virus（MRDV）粒子の電子顕微鏡写真（提供；R. G. Milne 博士）
(A)完全粒子（外殻の表面に A スパイクが見られる）(B)部分的に外殻がこわれた粒子　(C)B スパイクをもったコア粒子　(D)コア粒子

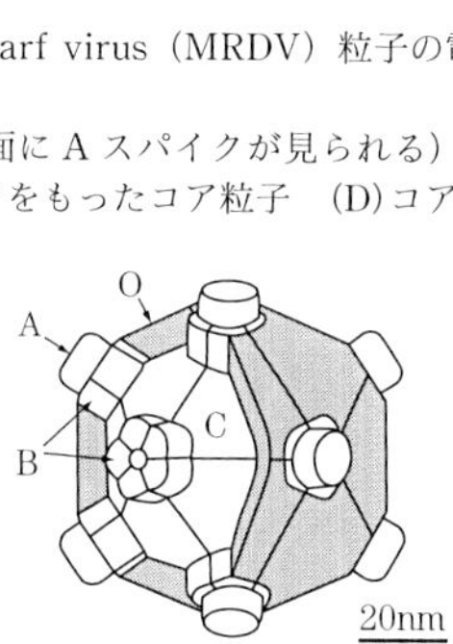

図 4.8　Fiji disease virus（FDV）粒子の構造モデル
粒子の左側はカプシド(O)と A スパイク(A)が除去され，コア(C)と B スパイクが露出している状態を示す．（出典：Hatta, T., Francki, R. I. B. (1977): Morphology of Fiji disease virus. *Virology* **76**, 797-807.）

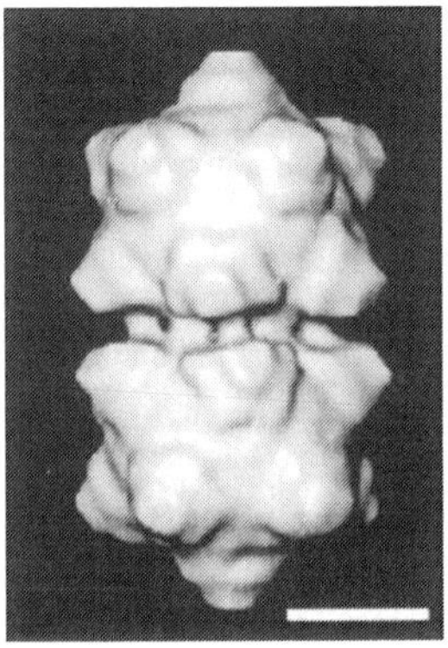

図 4.9　ジェミニウイルス粒子の構造モデル
（出典：図 4.2 に同じ）

呼ばれる中空の環状構造が存在する．有機溶媒で処理すると外殻と A スパイクがとれて，B スパイク（長さ 8 nm，幅 12 nm）をもった正二十面体のコア粒子（直径 55 nm）となる．B スパイクは正二十面体の頂点に存在する．

iii）*Oryzavirus* 属ウイルス　rice ragged stunt virus（RRSV）は，直径 75〜80 nm で，2 重殻構造をとる．外殻の表面に 12 個の A スパイク（長さ 8 nm，幅 10〜12 nm）が存在する．コア粒子は直径 55 nm で正二十面体構造をとり，正二十面体の頂点に B スパイクが存在する．

3）*Geminiviridae*（ジェミニウイルス科）ウイルス

ジェミニとは日本語で“双子”という意味で，科名はウイルス粒子が双球構造をとることに由来する．$T=1$ 構造の正二十面体粒子からそれぞれ 1 個のカプソマーがとれて結合し，双球状に連なった構造をとる．ウイルス粒子の大きさは 30×20 nm で 22 個のペンタマー（110 個のタンパク質サブユニット）からなる（図 4.9）．

4）*Tenuivirus* 属ウイルス

RSV 感染組織から単離されるウイルスは幅 8〜10 nm の細長い糸状の粒子で，その構造は壊れやすく，種々の粒子形態をとる多形現象が見られる．8 nm 幅の糸状粒子はさらに細い 3 nm 幅のヌクレオカプシド様粒子がコイル状にたたんで形成されたと推定される構造をとる．

4.5　ウイルスの分子集合

1955 年に，Fraenkel-Conrat と Williams は，TMV 粒子を構成成分である RNA とタンパク質に分け，それらを再び試験管内で混合すると，TMV 粒子を再構成することに成功した．この TMV の再構成機構が明らかになったのはそれから 30 年もたった 1980 年代の終わりである．TMV の再構成反応は RNA の 5′ 末端から始まるのではなく，RNA の 3′ 末端から 831〜978 ヌクレオチド（30

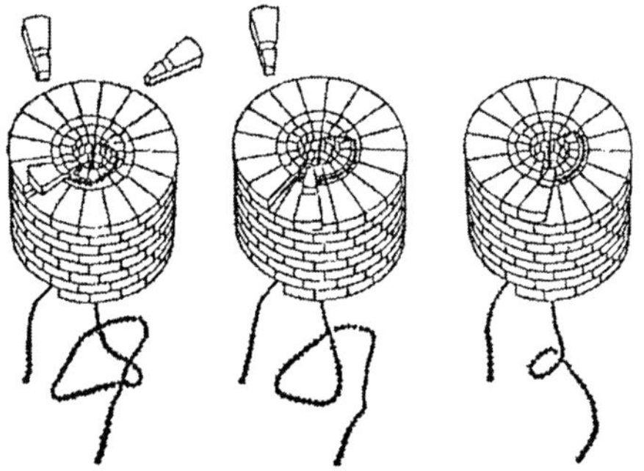

図 4.10　5′ 方向への伸長モデル（出典：Okada, Y. (1986): Molecular assembly of tobacco mosaic virus *in vitro*. *Adv. Biophys.* **22**, 95-149.）

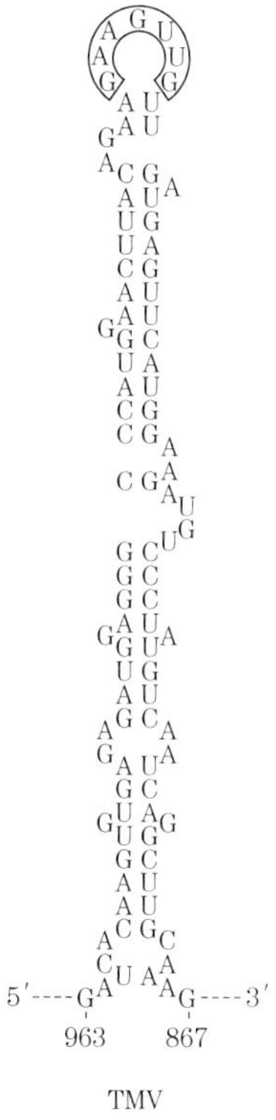

図 4.11　TMV RNA の再構成反応開始部位のヘアピン構造（出典：Zimmern, D. (1977): The nucleotide sequence at the origin for assembly on tobacco mosaic virus RNA. *Cell*, 463-482.）
数字は RNA の 3′ 末端からの塩基の番号，ヘアピンループの囲いの中は target sequence.

Kタンパク質遺伝子内）の領域（再構成反応開始部位）から始まる．再構成反応はこの再構成反応開始部位と外被タンパク質の20S会合体との結合によって始まる．再構成反応中間体を電子顕微鏡観察すると，2本のRNA鎖が中間体の一方の側から出ている．2本のRNAのうち，長い方のRNAは粒子が伸長するとともに短くなっていくが，短い方のRNAは粒子の長さに関係なく一定である．再構成の伸長は，RNAの5′方向に，Aタンパク質（1個のサブユニットあるいは4S程度の小さい会合体）によって進行する（図4.10）．TMVの再構成反応開始部位は30Kタンパク質遺伝子内に存在し，長いヘアピン構造をとる(図4.11)．ヘアピン構造の先端ループ領域には，GAAGUUGという配列が存在し，外被タンパク質の20S会合体と特異的に結合するために必須な配列である．

トバモウイルスの再構成反応開始部位は種や系統によって異なっている．TMVの再構成反応開始部位は30Kタンパク質遺伝子内にあるが，TMVの一系統，TMV-Cc（ササゲ系）やcucumber green mottle mosaic virus (CGMMV）は外被タンパク質遺伝子内に存在する．トバモウイルスの外被タンパク質はウイルスRNAの複製過程で合成されるサブゲノムmRNAから翻訳されるが，TMV-CcやCGMMVの場合，再構成反応開始部位が外被タンパク質遺伝子内にあるため，TMV-CcやCGMMVに感染した植物では，300 nmの粒子のほかに，35 nmの短い粒子が存在する．これは，外被タンパク質を翻訳するサブゲノムmRNA内に再構成反応開始部位が存在するため，粒子化したものである． 〔池上正人〕

参考文献

Fauquet, C. M., Mayo, M. A., Maniloff, J., Desselberger, U., and Ball, L.A. (2005): *Virus Taxonomy: Classification and Nomenclature of Viruses; Eighth Report of the International Committee On Taxonomy of Viruses*. Academic Press.

畑中正一編（1997）：ウイルス学．朝倉書店，646 pp.

Hull, R. (2002): *Matthews' Plant Virology 4th ed*. Academic Press. 1001 pp.

5. ウイルスの分類

5.1　植物ウイルスの分類

Beijerinck（1898）によってタバコモザイクウイルスが発見されて以来，現在まで植物ウイルスは約800種が認められており，これまで100年以上ものウイルス研究の歴史がある．ウイルスの分類・命名は，その使用により国際的にすべての関係者の情報交換が容易になり，ウイルス病の防除に役立ち，学問の発展や人類の福祉に貢献するものである．これまでウイルス粒子の形態，構造，組成などの物理化学的性質，またゲノム塩基配列の情報が明らかにされるに伴って，それらの性質を基準にした分類が行われてきている．

a. ウイルス分類の歴史

ウイルスの発見当初より，そのウイルスが最初に発見された宿主植物と病徴を示す言葉を使った命名法，たとえばtobacco mosaic virusなどの命名の仕方が行われ，慣用名（普通名）として広く用いられていた．当初は発見されるとそのまま，新たなウイルスとして命名されることが多かったが，同様なウイルスが異なった症状を引き起こす一方で，異なったウイルスがある植物に似た症状を引き起こすことがあることが明らかになり，分類と整理が必要となった．

Johnson（1927）はウイルスが分離された植物の普通名を用い番号によって種類を示すという分類を提案した．その後，Smith（1937）は宿主植物のラテン名を用いて，またHolmes（1939，1948）はラテン二名法を適用した宿主名と病徴による方式を示した．その他，この時期にいくつかほかにも命名・分類の方式について提案がなされたが，いずれも定着するに至らなかった．これは当時ウイルス自体の性状に関する情報が乏しかったためである．これに対しBawden（1939）は，ウイルスの分類は宿主ではなくウイルスの本質的な性状，つまり理化学的，血清学的性状によるべきであるとし，BrandesとBercks（1965）は，棒状，糸状などの長形ウイルスを形態によって6群に分類した．この分類ははじめての科学的な分類法として，その後の植物ウイルス分類の基礎となった．

Gibbs（1969）もウイルス分類の基準となるべき形質を列挙し，それらを基準としてウイルスを分類した．また，ウイルスの性状を示すための重要な8種の性質を記号化して記す「クリプトグラム」を付記することを提案した．これは tobacco mosaic virus R/1：2/5：E/E：S/C，O のように，核酸の種類/核酸の鎖性：核酸の分子量/粒子の核酸含量：粒子の外形/ヌクレオキャプシドの外形：宿主の種類/伝染様式/媒介者の種類を示すものである．しかしクリプトグラムを普通名に付ける方式は，新しい情報が得られるたびに改変を余儀なくされるなどの不便もあり，後に使用されなくなった．次いで，Harrison ら（1971）は植物ウイルスを16群に分け，ウイルスの英名を縮めた「シグラ」(sigla；tobamovirus グループなど）によるグループ名を付けることを提案した．このグループ名の多くはその後，そのまま属名としても認められて用いられることとなった．

一方，Lwoff（1962，1966）らは Linne による階層分類（hierarchical classification）に従い，宿主に関係なくウイルス全体を含め，基準として①核酸の種類（RNA か DNA か）②粒子の対称性（らせん，方形，左右）③外膜の有無④らせん対称粒子では幅，方形対称粒子では三角点の数とキャプソメアの数を挙げた．また，タクソンとして門，亜門，綱，および目，科，属，種を設定した．さらに命名はラテン二名法とし，種名の後に命名者は付記せず，代わりに国際委員会に登録することを提案した．

こうした背景もあって，ウイルスの分類に関する国際的な統一の気運が高まった．当初，分類システムの確立している国際植物命名委員会でウイルスの分類が取り上げられ，続いて1953年ローマにおける国際微生物学協会（International Association of Microbiological Societies；IAMS）の会議において，「国際細菌，ウイルス命名規約」の中で取り扱うことが議論された．しかし，細菌とはまったく異なるウイルスには，この規約は不適当であるとの結論に至った．1966年モスクワにおける IAMS 総会において，国際ウイルス命名委員会（International Committee on Nomenclature of Viruses；ICNV）が組織されたが，1973年には国際ウイルス分類委員会（International Committee on Taxonomy of Viruses；ICTV）と改称され，宿主を問わず，国際的に共通な分類・命名規約を制定し実施することとなった．1975年にマドリッドで第3回国際ウイルス学会議が開催されて以降，ICTV 総会は国際ウイルス学会議に合わせ3年ごとに開かれるようになった．現在，ICTV は IAMS が改組してできた国際微生物協会連合（International Union of Microbiological Societies；IUMS）のウイルス学部門に属する委員会となっている．

モスクワにおける第1回のICNV総会には前述したLwoffら（1966）の階層分類による案とともに，系統分類としての情報が明確でない階層分類に反対しクリプトグラムによる分類を提唱したGibbsら（1966）の案とが並立して提案され，論議された．その結果，18項目からなる命名規約が承認されるとともに，検討委員会が設けられた．当初，植物を宿主とするウイルスの分科会である植物ウイルス小委員会（Plant virus subcommittee；PVS）では科，属，種をタクソンとした階層分類はウイルスの分類にはなじまないとし，性状の共通するものを「ウイルスグループ」としてまとめてきた．しかしその後，ウイルスのゲノム塩基配列が相次いで決定されると，プラス鎖RNAウイルスには系統進化が認められ，動植物ウイルスは共通の祖先から進化したものであると考えられるようになった．このような状況を背景に議論が重ねられ，グラスゴーで開催された第9回ICTV総会（1993）では，それまで階層分類を認めていなかった植物ウイルスにおいても，植物以外の宿主のウイルス同様に，階層分類へと移行した．これに伴

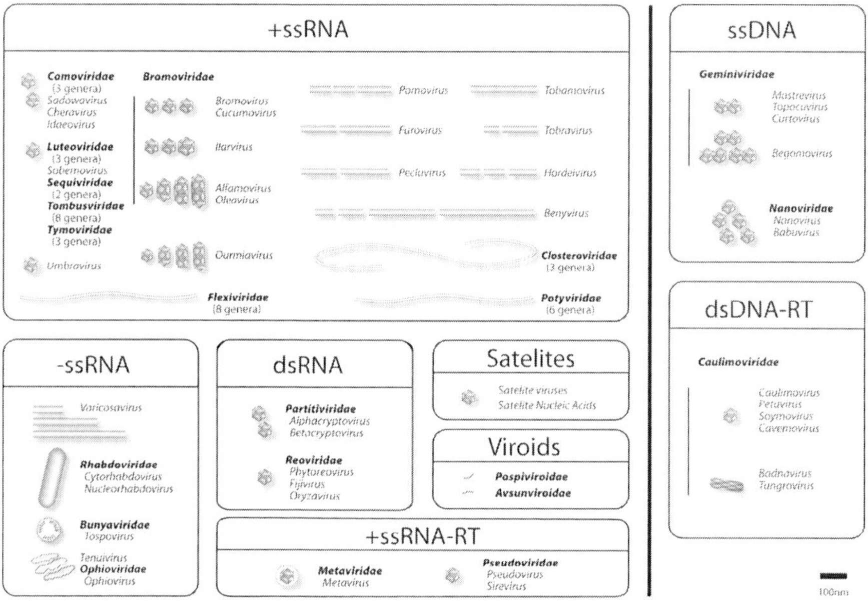

図5.1　植物ウイルスの形状と分類

表 5.1　植物ウイルスの分類群（大木（2006）植物防疫　第 60 巻　第 11 号　p.554 表 1 を参考に作成）

ゲノムタイプ	粒子形状	科	属	タイプ種	分節数
一本鎖 DNA	双球状	*Geminiviridae*	*Mastrevirus*	*Maize streak virus*	1
			Curtovirus	*Beet curly top virus*	1
			Topocuvirus	*Tomato pseudo-curly top virus*	1
			Begomovirus	*Bean golden mosaic virus*	1，2
	小球状	*Nanoviridae*	*Nanovirus*	*Subterranean clover stunt virus*	8
			Babuvirus	*Babana bunchy top virus*	6
二本鎖 DNA(RT)	球状/桿菌状	*Caulimoviridae*	*Caulimovirus*	*Cauliflower mosaic virus*	1
			Petuvirus	*Petunia vein clearing virus*	1
			Soymovirus	*Soybean chlorotic mottle virus*	1
			Cavemovirus	*Cassava vein mosaic virus*	1
			Badnavirus	*Commelina yellow mottle virus*	1
			Tungrovirus	*Rice tungro bacilliform virus*	1
一本鎖 RNA(RT)	球状	*Pseudoviridae*	*Pseudovirus*	*Saccharomyces cerevisiae Ty1 virus*	1
			Sirevirus	*Glycine max SIRE1 virus*	1
		Metaviridae	*Metavirus*	*Saccharomyces cerevisiae Ty3 virus*	1
二本鎖 RNA	球状	*Reoviridae*	*Fijivirus*	*Fiji disease virus*	10
			Phytoreovirus	*Rice dwarf virus*	12
			Oryzavirus	*Rice ragged stunt virus*	10
		Partitiviridae	*Alphacryptovirus*	*White clover cryptic virus 1*	2
			Betacryptovirus	*White clover cryptic virus 2*	2
	粒子無	未設定	*Endornavirus*	*Vicia faba endornavirus*	1
一本鎖 RNA(−)	桿菌状外膜有	*Rhabdoviridae*	*Cytorhabdovirus*	*Lettuce necrotic yellows virus*	1
			Nucleorhabdovirus	*Potato yellow dwarf virus*	1
	球状外膜有	*Bunyaviridae*	*Tospovirus*	*Tomato spotted wilt virus*	3
	棒状	未設定	*Varicosavirus*	*Lettuce big-vein associated virus*	2
	糸状	*Ophioviridae*	*Ophiovirus*	*Citrus psorosis virus*	3，4
		未設定	*Tenuivirus*	*Rice stripe virus*	4～6
一本鎖 RNA(+)	小球状	*Luteoviridae*	*Luteovirus*	*Barley yellow dwarf virus*	1
			Polerovirus	*Potato leafroll virus*	1
			Enamovirus	*Pea enation mosaic virus-1*	1
		Sequiviridae	*Sequivirus*	*Parsnip yellow fleck virus*	1
			Waikavirus	*Waikavirus*	1
		Tymoviridae	*Tymovirus*	*Turnip yellow mosaic virus*	1
			Marafivirus	*Maize rayado fino virus*	1
			Maculavirus	*Grapevine fleck virus*	1
		Tombusviridae	*Dianthovirus*	*Carnation ringspot virus*	2
			Tombusvirus	*Tomato bushy stunt virus*	1
			Aureusvirus	*Pothos latent virus*	1
			Avenavirus	*Oat chlorotic stunt virus*	1
			Carmovirus	*Carnation mottle virus*	1
			Necrovirus	*Tobacco necrosis virus A*	1
			Panicovirus	*Panicum mosaic virus*	1
			Machlomovirus	*Maize chlorotic mottle virus*	1
		Comoviridae	*Comovirus*	*Cowpea mosaic virus*	2
			Fabavirus	*Broad bean wilt virus 1*	2
			Nepovirus	*Tobacco ringspot virus*	2

		未設定	*Sobemovirus*	*Southern bean mosaic virus*	1
			Idaeovirus	*Raspberry bushy dwarf virus*	2
			Sadwavirus	*Satsuma dwarf virus*	2
			Cheravirus	*Cherry rasp leaf virus*	2
	小球状/桿菌状	*Bromoviridae*	*Bromovirus*	*Brome mosaic virus*	3
			Cucumovirus	*Cucumber mosaic virus*	3
			Ilarvirus	*Tobacco streak virus*	3
			Alfamovirus	*Alfalfa mosaic virus*	3
			Oleavirus	*Olive latent virus 2*	3
		未設定	*Ourmiavirus*	*Ourmia melon virus*	3
	ひも状	*Flexiviridae*	*Potexvirus*	*Potato virus X*	1
			Mandarivirus	*Indian citrus ringspot virus*	1
			Allexivirus	*Shallot virus X*	1
			Carlavirus	*Carnation latent virus*	1
			Foveavirus	*Apple stem pitting virus*	1
			Capillovirus	*Apple stem grooving virus*	1
			Vitivirus	*Grapevine virus A*	1
			Trichovirus	*Apple chlorotic leaf spot virus*	1
		Potyviridae	*Potyvirus*	*Potato virus Y*	1
			Ipomovirus	*Sweet potato mild mottle virus*	1
			Macluravirus	*Maclura mosaic virus*	1
			Rymovirus	*Ryegrass mosaic virus*	1
			Tritimovirus	*Wheat streak mosaic virus*	1
			Bymovirus	*Barley yellow mosaic virus*	2
		Closteroviridae	*Closterovirus*	*Beet yellows virus*	1
			Ampelovirus	*Grapevine leafroll-associated virus 3*	1
			Crinivirus	*Lettuce infectious yellows virus*	2
	棒状	未設定	*Tobamovirus*	*Tobacco mosaic virus*	1
			Tobravirus	*Tobacco rattle virus*	2
			Hordeivirus	*Barley stripe mosaic virus*	3
			Furovirus	*Soil-borne wheat mosaic virus*	2
			Pomovirus	*Potato mop-top virus*	3
			Pecluvirus	*Peanut clump virus*	2
			Benyvirus	*Beet necrotic yellow vein virus*	4, 5
	粒子無	未設定	*Umbravirus*	*Carrot mottle virus*	1
Viroid	粒子無	*Pospiviroidae*	*Pospiviroid*	*Potato spindle tuber viroid*	1
			Hostuviroid	*Hop stunt viroid*	1
			Cocadviroid	*Coconut cadang-cadang viroid*	1
			Apscaviroid	*Apple scar skin viroid*	1
			Coleviroid	*Coleus blumei viroid 1*	1
		Avsunviroidae	*Avsunviroid*	*Avocado sunblotch viroid*	1
			Pelamoviroid	*Peach latent mosaic viroid*	1
Satellites	小球状	未設定	未設定	Tobacco necrosis satellite virus-like	1
	粒子無	未設定	未設定	single-stranded satellite DNAs	1
		未設定	未設定	single-stranded satellite RNAs	1

Satellitesには科，属，タイプ種が設定されていないため，タイプ種にはグループの最も代表的な呼び方を記載した．

い，植物ウイルスでは，10科，47属が創設され，従来のグループは廃止された．また，同時に種の定義として以下に挙げる多型的種の概念が承認され，はじめてウイルス種の概念が規定された．また，ラテン二名法は規約から削除され，英名による慣用名をウイルス名として用いることになった．

その後の議論で新しい科，属が創設され，現在では21科，88属となっている（表5.1，図5.1）．しかし科が未設定の属が16あることから，今後も引き続き議論され，科の新設，あるいは既設の科に組み込まれるなどしてそれらについてもまとめられていくことになるものと考えられる．さらに，科より上位の目については現在，*Mononegavirales* のみ設置されているが，ほかの目の設置も検討中で，今後さらに高次の分類が進むものと考えられる．

b. ウイルスの分類基準

これまで，古典的にウイルスの分類基準として用いられてきた各種の性状については，おおむね，検定植物における病徴および宿主範囲，血清関係，干渉作用などは，今日の系統，種，属の分類基準に，また，粒子形状，細胞内所見，伝搬機構，粒子に含まれる核酸・タンパク質の性状などは，現在の属，科の分類基準に相当している．これらの基準はそれぞれの科，属，種において今日でも尊重されており，こうした性状は分類を決定する上で依然として必要不可欠な情報となっている．これに加え，近年の分子生物学的研究手法の急速な発展により，ウイルスのゲノム核酸の塩基配列データが集積され，この情報を基準に分類を行うことが可能になった．塩基配列はその相同性に基づいて多様性の程度を定量的に示すことができるため，多くの属で次第に配列比較が優先的な分類基準となりつつある．

ある科においてそのウイルスのゲノムにコードされる各遺伝子のそれぞれについて，ウイルス種間における配列相同性を1対1の組合せで比較し（pairwise comparison）相同性の頻度分布を示したプロファイルを調べると，系統間，種間でそれぞれ異なるピークが認められ，進化的距離が異なることが示される（Adamsら2005）．図5.2はポティウイルス科の配列相同性比較の結果を示しているが，この場合，塩基配列75%以上・アミノ酸配列81%以上の相同性で同種異系統，塩基配列49〜75%・アミノ酸配列42〜81%の相同性で同属異種，塩基配列46%以下・アミノ酸配列33%以下の相同性で異属ウイルスと判断できる（図5.2）．この例に限らず，こうした遺伝学的解析の結果は，これまでの種や属

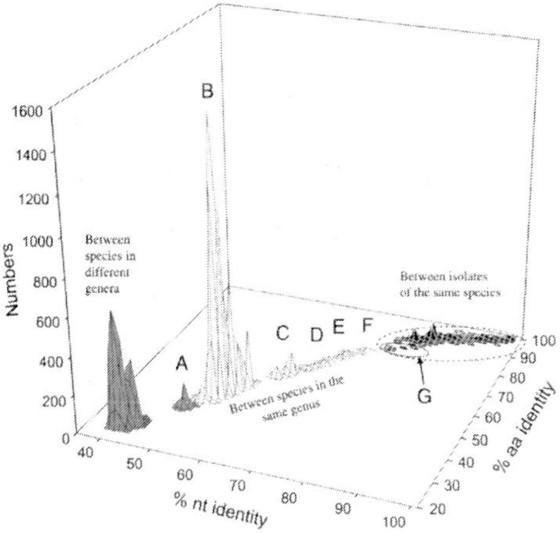

図 5.2 ポティウイルス科の完全長 ORF の塩基配列およびアミノ酸配列の比較（計 17391 セット）に基づく相同性（%）の頻度分布．A で示されるピークは，異属だが比較的近縁とされる *Rymovirus* 属と *Potyvirus* 属の比較に相当する（Adams, M. J., Antoniw, J. F., and Fauquet, C. M. (2005)：Molecular criteria for genus and species discrimination within the family *Potyviridae*. *Arch Virol*. **150**, 459-479）．

の分類を追認するものとなっている．

また，塩基配列解析によりウイルスゲノムの遺伝子構成が明らかとなり，たとえば，読み取り枠（open reading frame；ORF）の数と構成遺伝子の違いが，属レベルの分類の判断基準として利用される例もある．さらに分子生物学的な解析から遺伝子の発現様式も次第に明らかになりつつあり，たとえばサブゲノム RNA ができるか，ポリタンパク質が合成されるかなどの違いが分類の基準となる例もある（第 6 章参照）．

さらに，近年の遺伝子レベルの研究により，宿主範囲や伝搬様式，核酸・タンパク質の分子量，血清関係など，これまでウイルスの性状として分類の基準に用いられてきた生物学的，理化学的，血清学的性状が，複製酵素タンパク質，細胞間移行タンパク質，外被タンパク質，媒介介助タンパク質などウイルスゲノムにコードされるタンパク質によって決定されることが次々に明らかになった．このことは，これらのタンパク質の構造を明らかにし比較することが，従来の分類基準において重視されてきた上記の各種性状を解明し比較することにある程度置き換えられることを示していると考えられる．これらはとくに下位の分類階層である「属，種，系統」などの分類基準として有効であり，どのような遺伝的要素（生物学的，理化学的，血清学的性状など各種性状）に基づいた分類でも系統分類と必然的に関連しているはずである．

しかし，このように永い歴史を経た議論のすえ構築されている現在のウイルス分類についても本質的な問題点がある．すなわち，現在のウイルスの分類は古典的なリンネ体系に準拠しており系統進化としての生物の分類によく一致していると考えられるが，実際のウイルスの進化はその分類概念で捉えられるような単純なパラダイムとは異なると考えられることである．ウイルスは単一の「祖先ウイルス」から分かれてきたとは考えにくいこと，組換えやリアソータントを起こして多系統発生的なゲノムをもっていること，宿主のゲノムに組み込まれるなどさまざまな選択圧を受けていると考えられること，さまざまな宿主に感染してそれぞれ異なった進化をすると考えられることなど，その複雑さは容易に想像される．このことから，どのような分類を行ってもどこかに不都合が現れることは，あらかじめ留意しておく必要がある．したがって，ウイルスゲノムの塩基配列情報に依存した分類手法が，表現型ベースの多面的な試験データに基づいた分類基準に取って代わられるべきものではない．これは，ICTV に承認された種の定義である「多型的種」の概念そのものである．すなわち，塩基配列やアミノ酸配列の相同性のみからウイルスを分類することは不可能であり，表現型に基づいた分類基準も含めた総合的な判断が必要である．

2002 年に ICTV により承認された最新の「国際ウイルス分類・命名規約」は，第 8 次 ICTV 報告書に記載されている．以下にその主な項目（条文の番号）を記す．

- 普遍的なウイルスの分類体系は，目（order），科（family），亜科（subfamily），属（genus）および種（species）の階層レベルをもつものとする．(3.2)
- 分類群はその代表的なメンバーウイルスが，同様な分類群との異同が明確であるように性状が明らかにされ，かつ出版された文献に記載された場合にのみ確定される．(3.5)
- その分野のウイルス研究者にとって意味があり，承認された国際的な専門家集団によって推賞される符丁（sigla）は分類群の名称として受け入れられる．(3.15)
- ウイルスの種とは，遺伝的に複製し，特定の生態学的な場を占めるウイルス

の多型的類型群（polythetic class）である．(3.21)
- 新しい種の分類学的地位や既存の属への帰属が不確定である場合，その種は適切な属もしくは科の暫定種（tentative species）として記載される．(3.22)
- 種名は，実現可能な最少の語で構成されるものとし，ほかの分類群の名称とは区別されるようにする．種名は宿主名と virus という単語のみで構成されてはならない．(3.23)
- 属は，ある共通の性状をもつ種の集団である．(3.26)
- 属名は，-virus で終わる単一語とする．(3.27)
- 科は，ある共通の性状を有する属の集団である．(3.31)
- 科名は，-viridae で終わる単一語とする．(3.32)
- 目は，ある共通の性状をもつ科の集団である．(3.33)
- 目名は，-virales で終わる単一語とする．(3.34)

以上の分類・命名規約を踏まえながら，今後は，種以上の階層レベルについてより高次の分類作業が進むものと考えられる．一方で ICTV は，「種，属，科，目の分類群のみ ICTV によって承認される．ほかの分類（スーパーファミリーなど）はある状況において有用に記述されることもあるが，公式的には認められていない．同様に quasi-species も重要な概念であるが，分類的な意味は含まれない．(3.3)」としており，系統や分離株など，種レベル以下の分類，命名の基準は示していない．*Geminiviridae* の分類などでは種レベル以下の分類の基準を示そうとする動きはあるが（Fauquet ら 2008），農業やウイルス病の防除などの応用分野において重要であると考えられるこれらの下位分類群における分類，命名にあたっては，無用な混乱を避ける慎重さが求められる．

c. ウイルスの表記法

ICTV は現在，英語の慣用名（vernacular name）を種名として認めている．表記の方法は，先頭の文字を大文字とし全体をイタリックとする．たとえば *Tobacco mosaic virus* がウイルスの学名となる．その際，2 番目以降の単語（この場合 mosaic，virus）は，固有名詞として示す場合を除いて大文字表記しない．ウイルスの学名は，ICTV で承認された種のみ認められるため，暫定種については大文字にもイタリックにもせず，小文字ローマンで表記する．

ここで留意すべきは，分類上の抽象概念であるウイルス種名を表す場合のみ，その表記を大文字イタリックとすることである．現実の物理的実体としてのウイルスを表す場合にはこれと区別して小文字ローマンで表記する．すなわち，tobacco mosaic virus particles are centrifuged... のようにする（van Regenmortel, 1999，2003）．

また分類上の表記では，ウイルスの目，科，亜科，属の名称はすべて先頭の文字を大文字としイタリック表記する．これに従い，たとえば属名は *Tobamovirus* のように表記する．一方で，tobamoviruses とすると *Tobamovirus* 属のウイルスを集合的に示すことができる．

現在用いられているウイルスの種名の表記法は，二名法に比べて情報量が少なく，分類と関連していない点が問題として残っている．そのため，tobacco mosaic tobamovirus のように，属名を慣用名の後に付ける案（Milne，1985）もあり，ICTV では認められていないが一部で用いられている．

ウイルス名の略号（acronym）（たとえば，*Tobacco mosaic virus* を TMV とする）のうち，よく用いられるものについては ICTV 報告書にウイルス種名とともに記載されている．しかし，植物，動物，昆虫という宿主の異なるウイルス間で同一の略号が用いられる例もあるうえ，ICTV では略号を公式には定義しておらず，略号を決める基準も示していない．

わが国では，日本植物病理学会のウイルス分類委員会によって，わが国で分類，同定された植物ウイルスの和名および英名（普通名）のリストが発表されている（日本植物病理学会，2004）．わが国で発生するウイルスについては和名を付け，*Tobacco mosaic virus* の和名はタバコモザイクウイルスとなる．国内で発生が知られていないウイルスには和名を付けないので，英名のまま用いることとなっている．また，表記の基本は英，米語読みでなくローマ字読みとしている．たとえばタバモウイルスではなくトバモウイルスと呼ぶ．

d. データベース

病原となるとともに，ときには潜在的に感染して地理的にあるいは宿主によって住み分けているウイルスの数は莫大なものになると考えられる．新たな土地でウイルスを探索したり，検出技術の感度や特異性が向上するに従って，ウイルスのリストは次第に大きくなってゆく．またウイルスの変異株が急速に進化し，自然界において新たな種として固定することにより亜種が出現する可能性もあり，将来的なものも含めて記述すべきウイルスおよびその性状の情報はきわめて膨大なものである．このため，国際的なレベルでのウイルスの情報を記載した統合的なデータベースが必要となる．ICTV ではウイルス種の性状などを記述したデータベースを構築しており（ICTVdB），その情報をオンラインで公開している（http://phene.cpmc.columbia.edu/）．また，植物ウイルスの分野では，Brunt ら世界中の 200 人以上の植物ウイルス研究者が国際的なネットワークを組んで Virus Identification Data Exchenge（VIDE）というデータベースを構築し，ウイルス種について詳細な性状を載せている（http://image.fs.uidaho.edu/vide/refs.htm）．また Association of Applied Biologists（AAB）によっても，約 400 種の植物ウイルスを記載し出版された Descriptions of Plant Viruses に，属，科の分類基準，明らかにされているウイルスのゲノム塩基配列のデータリンクの情報を加えたデータベースが公開されている（http://www.dpvweb.net/）．

5.2　植物ウイルスの科，属と性状

a. 二本鎖 DNA ウイルス

1）*Caulimoviridae*（カリモウイルス科）

粒子は直径約 50 nm の球状（*Caulimovirus*（カリモウイルス）属，*Petuvirus*（ペチュウイルス）属，*Soymovirus*（ソイモウイルス）属，*Cavemovirus*（カベモウイルス）属），もしくは幅 30 nm，長さ 60〜900 nm の桿菌状（*Badnavirus*（バドナウイルス）属，*Tungrovirus*（ツングロウイルス）属）で被膜をもたない．単一の 7.2〜8.3 kbp の環状二本鎖 DNA ゲノムをもち，1 つから 7 つの ORF に外被タンパク質，アスパラギン酸プロテアーゼ，逆転写酵素および RNaseH などをコードする．多くは宿主域が狭い．生ずる病徴は宿主や気象条件によって異なり，*Petuvirus* 属，*Caulimovirus* 属，*Soymovirus* 属，*Cavemovirus* 属はモザイク症状が多いが，*Tungrovirus* 属，*Badnavirus* 属では脈間退緑斑，条斑が多くみられる．多くのウイルスは大部分の宿主細胞に感染するが，*Tungrovirus* 属や *Badnavirus* 属では師部細胞に制限されるものもある．多くのウイルスは宿主の栄養繁殖により伝搬する．*Caulimovirus* 属はアブラムシによって半永続的に伝搬される．*Badnavirus* 属はカイガラムシによって半永続的に伝搬されるのに加え，いくつかの種はアブラムシやグンバイの媒介によっても伝搬される．*Tungrovirus* 属は *Rice tungro spherical virus*（セクイウイルス科）の介助のもとヨコバイによって伝搬される．

b．一本鎖 DNA ウイルス

1）*Geminiviridae*（ジェミニウイルス科）

粒子は不完全な球形粒子が 2 個繋がった双球状で，大きさは約 22×38 nm である．粒子は 28～34 kDa の 1 種の外被タンパク質から構成され，被膜をもたない．ゲノムは，2.5～3.0 kb の環状一本鎖 DNA であり，感染植物細胞の核内でローリングサークル型の複製を行う．本科は，ゲノム構造，宿主範囲，媒介昆虫の種類によって 4 属に分類されており，そのうち *Mastrevirus*（マステレウイルス）属，*Curtovirus*（クルトウイルス）属，*Topocuvirus*（トポクウイルス）属は単一ゲノム，*Begomovirus*（ベゴモウイルス）属は，単一あるいは二分節ゲノムをもつ．宿主域は狭く，ウイルスによっては汁液接種可能である．ヨコバイまたはコナジラミによって永続的に伝搬される．

2）*Nanoviridae*（ナノウイルス科）

粒子は直径 17～20 nm の小球状であり，約 19 kDa の 1 種の外被タンパク質から構成され，被膜をもたない．ウイルスゲノムは 6～8 分節で，それぞれが 977～1111 塩基の環状一本鎖 DNA である．感染植物細胞の核内でローリングサークル型の複製を行う．すべての分節ゲノムはセンス鎖であり，ステムループ構造，TATA ボックス配列，ポリ A シグナル配列が保存されている．宿主域は狭く，マメ科やバショウ科への感染が報告されているのみである．感染植物には萎縮症状が認められ，葉巻や退緑が観察される場合もある．ウイルスは師部に局在し，接触伝染や種子伝染はしないが，アブラムシにより永続的に媒介される．

c．二本鎖 RNA ウイルス

1）*Partitiviridae*（パルティティウイルス科）

本科のウイルス属のうち，*Alphacryptovirus*（アルファクリプトウイルス）属および *Betacryptovirus*（ベータクリプトウイルス）属の 2 属が植物に感染する．*Alphacryptovirus* 属は直径 30 nm の球状粒子であり，電子顕微鏡像では通常中央部が染色されリング状に観察される．一方，*Betacryptovirus* 属の粒子は直径 38 nm で，中央部は染色されず，また粒子を構成するサブユニットが明瞭に観察される．ともに粒子は被膜をもたない．ゲノムは，ほぼ同サイズの二分節・直鎖状の二本鎖 RNA であり，*Alphacryptovirus* 属は 1.7 kbp および 2.0 kbp，*Betacryptovirus* 属は 2.1 kbp および 2.25 kbp のゲノムをもつ．分節ゲノムの一方に外被タンパク質を，もう一方に複製酵素をコードする．ウイルスは潜在感染し，主に種子伝染をする．

2）*Reoviridae*（レオウイルス科）

本科のウイルス属のうち，*Fijivirus*（フィジウイルス）属，*Phytoreovirus*（ファイトレオウイルス）属，*Oryzavirus*（オリザウイルス）属の3属が植物に感染する．粒子は直径60～80 nmの正二十面体であり，*Fijivirus*属および*Oryzavirus*属はスパイクをもつが，*Phytoreovirus*属はもたない．*Fijivirus*属および*Oryzavirus*属は10本，*Phytoreovirus*属は12本の直鎖状の二本鎖RNAのゲノムをもつ．*Fijivirus*属の感染した植物では師部の肥大，葉脈の膨張が起こり，ときにゴールを形成する．ほかに花成の抑制，植物体の萎縮，腋芽の発生増加，および葉の暗緑色化が認められる．ウンカで永続的（増殖型）に伝搬するが，種子伝染は認められず，また接触伝染も困難である．*Phytoreovirus*属では*Wound tumor virus*が双子葉植物に感染し，側根の生ずる部位に師部由来の腫瘍を形成する一方，*Rice dwarf virus*はイネ科植物に感染し，白斑，条斑，萎縮および側芽の増生を伴う．ヨコバイで永続的（増殖型）に伝搬し，継卵伝搬も認められる．接触，種子伝染は報告されていない．*Oryzavirus*属はイネ科植物に感染し，師部組織の細胞質で繊維状のビロプラズム（viroplasm）を形成する．さらに，師部組織は増殖しゴールを形成する．*Oryzavirus*属はウンカによって伝搬されるが継卵伝染はしない．

3）未　定　科

i）***Endornavirus*（エンドルナウイルス属）**　粒子を形成しない．14～17.6 kbpの直鎖状の二本鎖RNAをゲノムとしてもち，単一のORFから翻訳される大きなポリタンパク質には，ヘリカーゼとRNA依存RNAポリメラーゼ（複製酵素）に特徴的な配列が存在する．ゲノムRNAの複製は細胞質の小胞で行われ，これはウイルス様粒子と呼ばれることもある．ウイルスRNAはいずれの植物組織にも存在し，1細胞あたり20～100コピーに達する．自然感染はイネ，野生イネ，ソラマメ，インゲンマメのいくつかの品種で確認されており，アルファルファ，オオムギ，キャッサバ，トウガラシにも感染すると考えられている．種子伝染するが媒介昆虫は見つかっておらず，接触伝染も起こらない．細胞質雄性不稔を引き起こす*Vicia faba endornavirus*を除いて病徴は生じない．ヘリカーゼとポリメラーゼのアミノ酸配列の比較解析から，本ウイルスはアルファ様スーパーグループに属すると考えられている．

d. プラス一本鎖 RNA ウイルス

1）*Bromoviridae*（ブロモウイルス科）

粒子は直径 26〜35 nm の球状（*Bromovirus*（ブロモウイルス）属，*Cucumovirus*（ククモウイルス）属，*Ilarvirus*（イラルウイルス）属）および，直径 18〜26 nm 長さ 30〜85 nm の桿菌状（*Alfamovirus*（アルファモウイルス）属，*Ilarvirus* 属，*Oleavirus*（オレアウイルス）属）である．3 本の直鎖状の一本鎖 RNA をゲノムにもち，ゲノムの長さは 3 分節合計で約 8 kb である．ゲノムには，20〜24 kDa の 1 つの外被タンパク質のほかに，複製酵素，および移行タンパク質をコードする．*Cucumovirus* 属の 2b タンパク質は RNA の複製過程で合成されるサブゲノム RNA から翻訳され，転写後ジーンサイレンシングに関与すると考えられている．宿主範囲は狭いもの（*Bromovirus* 属）から非常に広いもの（*Cucumovirus* 属）まで属によって違いがある．アブラムシ（*Alfamovirus* 属，*Cucumovirus* 属）およびハムシ（*Bromovirus* 属）により非永続的に伝搬されるほかに，接触伝染する．世界中に分布し，いくつかのウイルスは穀物の主要な病原体として知られる．

2）*Closteroviridae*（クロステロウイルス科）

粒子は 1250〜2200 nm の単一のひも状（*Closterovirus*（クロステロウイルス）属，*Ampelovirus*（アンペロウイルス）属），もしくは 650〜850 nm および700〜900 nm の 2 本のひも状（*Crinivirus*（クリニウイルス）属）の直鎖状の一本鎖 RNA である．ゲノムサイズは粒子長と関連があり，15.3 kb〜19.3 kb（2 分節ゲノムの *Crinivirus* 属は合計）である．ここに 22〜46 kDa のメジャーな外被タンパク質，マイナーな外被タンパク質，パパイン様プロテアーゼ，メチルトランスフェラーゼ，およびヘリカーゼの各ドメインをもつポリタンパク質，アルファウイルス様スーパーグループの RNA 依存 RNA ポリメラーゼ，膜結合タンパク質，熱ショックタンパク質ホモログなどをコードする．個々のウイルスの宿主範囲は限られる．認められる特徴的な病徴は葉の黄化のほか，木質部におけるピッティングやグルービングなどである．通常ウイルスの存在は師部組織に限られる．アブラムシ（*Closterovirus* 属），コナジラミ（*Crinivirus* 属），カイガラムシ（*Ampelovirus* 属）で半永続的に伝搬される．機械的接種で感染するものはほとんどなく，栄養繁殖性の作物においては種苗伝染により広域にウイルスが伝搬されるが，種子伝染はきわめてまれである．

3）*Comoviridae*（コモウイルス科）

粒子は直径28〜30 nmの正二十面体である．2本（RNA-1およびRNA-2）の直鎖状プラス一本鎖RNAをゲノムにもつ．RNA-1は7.2〜8.4 kb（*Nepovirus*（ネポウイルス）属）あるいは5.9〜7.2 kb（*Fabavirus*（ファバウイルス）属，*Comovirus*（コモウイルス）属）であり，RNA-2は3.9〜7.2 kb（*Nepovirus*属）あるいは3.5〜4.5 kb（*Fabavirus*属，*Comovirus*属）である．RNA-1にはヘリカーゼ，ゲノム結合タンパク質，プロテナーゼ，ポリメラーゼなど複製に関わるタンパク質をコードし，RNA-2には外被タンパク質および移行タンパク質をコードする．*Comovirus*属の宿主範囲は狭く，*Nepovirus*属および*Favavirus*属の宿主範囲は広い．*Comovirus*属はハムシによって，*Fabavirus*属はアブラムシにより，*Nepovirus*属は線虫により媒介される．機械的接種による感染は容易．種子伝染，花粉伝染は*Nepovirus*属では一般的だが，*Comovirus*属，*Fabavirus*属ではまれである．

4）*Flexiviridae*（フレキシウイルス科）

粒子は直径10〜15 nm，長さ470〜1000 nmのひも状である．単一の5.9〜9.0 kbの直鎖状プラス一本鎖RNAをゲノムとしてもつ．属により3つから6つのORFをもち，ここにアルファウイルス様スーパーグループの複製酵素，30 Kスーパーファミリー（*Capillovirus*（カピロウイルス）属，*Trichovirus*（トリコウイルス）属，*Vitivirus*（ビチウイルス）属，*Citrus leaf blotch virus*）もしくはトリプルジーンブロック（その他のウイルス属）の移行タンパク質，外被タンパク質，およびいくつかのウイルス属では核酸結合タンパク質（*Mandarivirus*（マンダリウイルス）属，*Allexivirus*（アレキシウイルス）属，*Carlavirus*（カルラウイルス）属，*Vitivirus*属）をコードする．草本，木本，および単子葉，双子葉植物に広く感染するが，個々のウイルスの宿主範囲は限られる．*Mandarivirus*属，*Foveavirus*（ホベアウイルス）属，*Capillovirus*属，*Vitivirus*属，*Trichovirus*属の自然宿主は大部分が木本植物である．宿主に対する病原性は比較的穏やかである．機械的接種により容易に伝染する．*Allexivirus*属およびいくつかの*Trichovirus*属はダニ伝搬性と考えられている．*Carlavirus*属はアブラムシにより非永続的に伝搬され，*Vitivirus*属はウイルス種により異なるさまざまな生物により媒介される．ウイルス粒子の集塊は細胞質に蓄積する．

5）*Luteoviridae*（ルテオウイルス科）

粒子は直径25〜30 nmの正二十面体である．ゲノムは直鎖状プラス一本鎖

ssRNAであり，その長さは5.6〜6.0 kbである．ORFを5もしくは6つもち，ここに構造タンパク質として外被タンパク質およびアブラムシ伝搬およびウイルス粒子安定化に関与するタンパク質を共通にコードする．本科のウイルス属はORFの配列のしかたと大きさにより区別される．複製に関与するORF1とORF2のコードするタンパク質は，*Luteovirus*（ルテオウイルス）属では*Tombusviridae*科のウイルスと類似しており，*Polerovirus*（ポレロウイルス）属および*Enamovirus*（エナモウイルス）属では*Sobemovirus*属のウイルスと類似している．また，*Luteovirus*属は膜結合複製因子をコードするORF0を欠き，*Enamovirus*属は移行に関わるとされるタンパク質をコードするORF4を欠く．宿主範囲はメンバーによって異なり，一つの科の植物に限られるものから，複数の科の植物に感染するものまである．アブラムシにより非増殖型の永続伝搬をされる．*Luteovirus*属と*Polerovirus*属は師部細胞に局在し，師部壊死を引き起こすことにより植物の生長を遅らせるとともに，葉緑体の損傷も引き起こす．

6）***Potyviridae*（ポティウイルス科）**

粒子は直径11〜15 nm，長さ650〜900 nm（*Potyvirus*（ポティウイルス）属，*Ipomovirus*（イポモウイルス）属，*Macluravirus*（マクルラウイルス）属，*Rymovirus*（ライモウイルス）属，*Tritimovirus*（トリティモウイルス）属）もしくは直径11〜15 nm，長さ250〜300 nmおよび500〜600 nm（*Bymovirus*（バイモウイルス）属）のひも状で被膜をもたない．*Bymovirus*属を除くウイルスは単一の直鎖状，プラス一本鎖RNAをゲノムにもち，長さは9.3〜10.8 kbである．*Bymovirus*属は2本の直鎖状，プラス一本鎖RNAをゲノムにもち，RNA-1は7.3〜7.6 kb，RNA-2は3.5〜3.7 kbである．それぞれのゲノムに存在する単一のORFからポリタンパク質が翻訳された後，これがプロテアーゼ，複製酵素，外被タンパク質など約10のタンパク質に切断される．すべてのポティウイルスは感染すると細胞質内に特徴的な管状封入体を形成する．宿主範囲はウイルスにより狭いものや広いものもあるが，大部分のウイルスは中間的な数の植物に感染する．汁液接種は容易．*Potyvirus*属および*Macluravirus*属はアブラムシにより非永続的に媒介される．*Rymovirus*属および*Tritimovirus*属はフシダニにより半永続的に媒介される．*Bymovirus*属は菌類により永続的に伝搬され，*Ipomovirus*属はコナジラミによって媒介される．

7）***Sequiviridae*（セクイウイルス科）**

粒子は直径25〜30 nmの正二十面体状であり，32〜34 kDa，22〜26 kDa,

22〜24 kDa の 3 種の外被タンパク質，単一の直鎖状のプラス一本鎖 RNA ゲノムおよび，ゲノム結合タンパク質（VPg）からなる．ゲノムに存在する単一の ORF から外被タンパク質のほか，ピコルナ様ウイルスの NTP 結合ドメイン，プロテアーゼドメイン，複製酵素ドメインを含むタンパク質が発現する．自然宿主の範囲は限られる．アブラムシもしくはヨコバイにより半永続的に媒介される．また接木によっても伝搬される．*Sequivirus*（セクイウイルス）属は機械的接種による感染が可能だが *Waikavirus*（ワイカウイルス）属は不可能．

8）***Tombusviridae*（トンブスウイルス科）**

粒子は正二十面体状である．粒子を形成する外被タンパク質は 2 種類に分類され，*Aureusvirus*（オーレウスウイルス）属，*Avenavirus*（アベナウイルス）属，*Carmovirus*（カルモウイルス）属，*Dianthovirus*（ダイアンソウイルス）属，*Tombusvirus*（トンブスウイルス）属では粒子の直径は 32〜35 nm であり，粒子表面に外被タンパク質のカルボキシ(C)末端に由来する突起状構造が形成される．*Machlomovirus*（マクロモウイルス）属，*Necrovirus*（ネクロウイルス）属，*Panicovirus*（パニコウイルス）属の粒子は直径 30〜32 nm であり，外被タンパク質に突起ドメインを欠くためその表面は滑らかである．*Dianthovirus* 属を除いて 1 本の直鎖状のプラス一本鎖 RNA をゲノムにもち，サイズは 3.7〜4.8 kb である．*Dianthovirus* 属は 2 本のゲノムをもち，RNA1 は 3.9 kb で，RNA2 は 1.5 kb である．ゲノムの 5′ 端（機能不明のタンパク質をその 5′ 端にコードする *Machlomovirus* 属を除く）には GDD モチーフを含むがヘリカーゼドメインを含まない複製酵素がコードされており，読み過ごし（*Dianthovirus* 属を除く）もしくはフレームシフト（*Dianthovirus* 属）によって C 末端側に伸長したタンパク質が発現される．外被タンパク質をコードする ORF のゲノム上の位置，および細胞間移行タンパク質の種類とそのゲノム上の位置は属により異なる．複製は小胞体やペルオキシソーム，ミトコンドリアなどの細胞内小器官の由来と考えられる細胞質の膜小胞で起こる．個々のウイルスの自然宿主の範囲は比較的狭い．単子葉に感染するものも双子葉に感染するものもあるが，双方に感染するものはない．多くのウイルスは葉に壊疽症状を示すほかに，斑点，縮葉，奇形などの病徴を引き起こす．自然宿主では無病徴感染しているウイルス種も存在する．すべての種は機械的接種により容易に感染が可能であり，接種試験による宿主範囲は広い．接触伝染や種子伝染のほか，ツボカビやハムシによる伝搬も報告されている．水や土壌などの環境中からも分離され，媒介者に依存的，あるいは非依存的に媒介される場合がある.

9）*Tymoviridae*（ティモウイルス科）

粒子は直径～30 nm の球状であり被膜はない. ゲノムは単一のプラス一本鎖RNA であり，長さは 6.0～7.5 kb である. *Tymovirus*（ティモウイルス）属は5′側にオーバーラップする 2 つの ORF（複製酵素および移行タンパク質）をもち，その 3′側に外被タンパク質をコードする 1 つの ORF をもつ. *Marafivirus*（マラフィウイルス）属および *Poinsettia mosaic virus*（PnMV）では複製酵素と外被タンパク質が同じフレーム内にあり，*Marafivirus* 属の *Maize rayado fino virus* を除いて複製酵素とオーバーラップする ORF をもたない. また，*Maculavirus* 属は複製酵素と外被タンパク質のほかに 3′側に 2 つの ORF がある. *Tymovirus* 属および *Maculavirus*（マクラウイルス）属は双子葉植物に感染し，*Marafivirus* 属にはイネ科を主な宿主とするウイルスがある. 自然宿主および実験的な宿主の範囲は狭く，1 種類の宿主に限られるものもある. 病徴は，葉の黄色モザイクや斑点（*Tymovirus* 属および PnMV），もしくは退緑条斑，葉脈透化，エッチライン，矮化（*Marafivirus* 属）や葉の斑点（*Maculavirus* 属）が認められる. *Tymovirus* 属および PnMV は機械的接種により容易に感染するが，*Marafivirus* 属および *Maclavirus* 属は師部に局在するため機械的接種は容易ではない. *Maravirus* 属は暫定種を除けば，ヨコバイの体内で増殖し永続的に伝搬される. *Tymovirus* 属は弱い種子伝染性を示し，ハムシでも媒介されるが効率は低い. *Maculavirus* 属のウイルスはベクターが知られておらず，ブドウなどの栄養繁殖を通じてウイルスが伝搬される.

10）未　定　科

i）球状の粒子をもつもの　*Sobemovirus*（ソベモウイルス）属のウイルスは直径 30 nm の正二十面体粒子である. 4.0～4.5 kb の単一のプラス一本鎖RNA をゲノムにもつ. 4 つの ORF をもち，それぞれ，移行タンパク質，ポリプロテイン（セリンプロテアーゼ，VPg，RNA 依存 RNA ポリメラーゼ），外被タンパク質などをコードする. 双子葉植物，単子葉植物の双方に感染するが，個々のウイルスの自然宿主の範囲は比較的狭い. 感染植物にモザイクや斑紋などの病徴を示す. いくつかの宿主では種子伝染し，ハムシもしくはカメムシで媒介される. 汁液接種は容易である. 複製酵素はルテオウイルス科の *Polerovirus* 属および *Enamovirus* 属と，また外被タンパク質はトンブスウイルス科の *Necrovirus* 属と構造的に近縁である. *Idaeovirus*（イデオウイルス）属は直径 33

nmの球形粒子であり，被膜をもたない．5.5 kbのRNA-1および2.2 kbのRNA-2という2分節のゲノムをもつ．RNA-1に複製酵素，RNA-2に移行タンパク質，および外被タンパク質をコードする．自然宿主はバラ科に限られるが実験宿主はやや広い．花粉を介して垂直伝搬するほか，汁液接種で感染する．複製酵素がブロモウイルス科やトバモウイルス科のウイルスに似ていることから，アルファ様スーパーグループに属すると考えられている．*Sadwavirus*（サドワウイルス）属および*Cheravirus*（ケラウイルス）属は25〜30 nmの正二十面体状粒子であり，ゲノムは2分節でRNA-1が約7.0 kb，RNA-2が3.3〜5.4 kbの長さである．それぞれに単一のORFをもち，ピコルナ様ウイルスに似た遺伝子構成をしている．線虫もしくはアブラムシによって半永続的に媒介される．種子伝染するウイルスも報告されている．この2属のウイルスは，本来コモウイルス科*Nepovirus*属に属すると考えられてきたが，*Nepovirus*属のウイルスが単一の外被タンパク質をもつのに対し，2成分（*Sadwavirus*属）もしくは3成分（*Cheravirus*属）の外被タンパク質をもつことや，配列の相同性，さらに昆虫により伝搬されることなどにより区別される．*Ourmiavirus*（オウミアウイルス）属は半二十面体状の粒子が連なり直径18 nm，長さ〜62 nmの桿菌状の粒子となるウイルスであり，3分節ゲノムである．機械接種で容易に感染し，幅広い範囲の双子葉植物に感染する．輪状斑やモザイク，壊疽症状を示す．媒介昆虫は知られていない．

ii）棒状の粒子をもつもの　*Tobamovirus*（トバモウイルス）属は直径18 nm，長さ300〜310 nm，*Tobravirus*（トブラウイルス）属は直径21〜23 nm，長さ180〜215 nm，46〜115 nmの2種，*Hordeivirus*（ホルデイウイルス）属は直径20 nm，長さ110〜150 nm，*Furovirus*（フロウイルス）属は直径20 nm，長さ140〜160 nm，260〜300 nmの2種，*Pomovirus*（ポモウイルス）属は直径18〜20 nm，長さ65〜80 nm，150〜160 nm，290〜310 nmの3種，*Pecluvirus*（ペクルウイルス）属は直径21 nm，長さ約190 nm，245 nmの2種，*Benyvirus*（ベニウイルス）属は直径20 nm，長さ約85 nm，100 nm，265 nm，390 nmの4つの主要な棒状の粒子をそれぞれもつ．ゲノムは，*Tobamovirus*属は単分節（6.3〜6.6 kb），*Tobravirus*属は2分節（6.8 kb，1.8〜4.5 kb），*Hordeivirus*属は3分節（3.7〜3.9 kb，3.1〜3.6 kb，2.6〜3.2 kb），*Furovirus*属は2分節（約6.7 kb，3.5〜3.6 kb），*Pomovirus*属は3分節（約6 kb，3〜3.5 kb，2.5〜3 kb），*Pecluvirus*属は2分節（5.9 kb，4.5 kb），*Benyvirus*属は5分節

(約 6.7 kb, 4.6 kb, 1.8 kb, 1.4 kb, 1.3 kb) である．これら 7 つのウイルス属のゲノムにコードされる複製酵素および外被タンパク質は特徴的なモチーフを共有し，互いに相同性がある．また，移行タンパク質として *Tobamovirus* 属，*Tobravirus* 属，*Furovirus* 属は単一の 30 K タンパク質をもつのに対して，*Hordeivirus* 属，*Pomovirus* 属，*Pecluvirus* 属，*Benyvirus* 属はトリプルジーンブロックタンパク質をもっている．*Tobamovirus* 属ウイルスは世界中に分布し，実験的には中程度から広い宿主範囲をもつが，自然宿主の範囲は通常狭い．植物同士の接触により伝染し，ときに種子伝染する．*Tobravirus* 属の宿主範囲は広く 50 科以上の植物に感染する．線虫によって伝搬され，多くの植物で種子伝染する．また汁液接種によっても容易に感染する．本属のウイルスは，NM タイプと呼ばれる，2 分節ゲノムのうち外被タンパク質をもたない RNA-1 のみで感染することがあり，しばしば正常の 2 分節ゲノムをもつ M タイプより強い壊疽症状が示される．*Hordeivirus* 属ウイルスの主な自然宿主はイネ科の草本だが，双子葉植物に感染する種もある．高率に種子伝染するほか，植物体の接触により効率的に伝染する．*Furovirus* 属ウイルスの自然宿主の範囲は狭く，イネ科に限られる．実験的には汁液接種により *Nicotiana* 属や *Chenopodium* 属の植物に感染する．本属のウイルスは *Polymyxa graminis* をベクターとする土壌伝染性であり，休眠胞子を含む土壌は長期間感染性を保つ．*Pomovirus* 属ウイルスの自然宿主の範囲は非常に狭く，双子葉植物のみに感染する．土壌伝染性のウイルスであり，*Spongospora subterranea* もしくは *P. betae* によって媒介される．*Pecluvirus* 属ウイルスの自然宿主はマメ科，イネ科などであり，実験植物の宿主範囲は広い．*P. graminis* によって媒介される．*Benyvirus* 属ウイルスの宿主範囲はきわめて狭い．本属ウイルスも *P. betae* もしくは *P. graminis* によって媒介される．ネコブカビ類に属する *Polymyxa* 属または *Spongospora* 属によって伝搬される *Furovirus* 属，*Pomovirus* 属，*Pecluvirus* 属および *Benyvirus* 属のウイルスは，休眠胞子体内に取り込まれ永続的に伝搬される．また，これらの属を含む上記ウイルス属はすべて機械接種が可能である．

iii）粒子をもたないもの　*Umbravirus*（ウンブラウイルス）属は通常みられるようなウイルス粒子をもたず，自然界ではヘルパーウイルスであるルテオウイルス科ウイルスの外被タンパク質に依存して粒子化，ならびにアブラムシによる非増殖・永続型の伝搬を行う．機械的接種による単独感染も，困難なこともあるが可能で，その際は宿主由来の脂質膜成分によりゲノム RNA が保護されていると考えられている．ゲノムは4.0〜4.3 kbの直鎖状プラス鎖RNAで，4つのORFには複製酵素，移行タンパク質などがコードされる．個々のウイルス種の自然宿主は数種に限られ，実験宿主も限られる．葉に斑紋やモザイク病徴を示す．

e. マイナス一本鎖RNAウイルス

1) *Mononegavirales*（モノネガウイルス目）*Rhabdoviridae*（ラブドウイルス科）

本科は動物を宿主とするものを含めて6属に分類されるが，このうち *Cytorhabdovirus*（シトラブドウイルス）属，*Nucleorhabdovirus*（ヌクレオラブドウイルス）属の2属が植物に感染する．ウイルス粒子は，幅60〜100 nm，長さ100〜430 nmの桿菌状で被膜をもつ．ウイルスゲノムは，単一の直鎖状，マイナス一本鎖RNAであり，長さは11.0〜15.0 kbである．宿主域は狭く，アブラムシ（*Cytorhabdovirus* 属），ヨコバイ（*Nucleorhabdovirus* 属）により永続的（増殖型）に媒介される．

2) *Bunyaviridae*（ブンヤウイルス科）

本科は動物を宿主とするものを含めて5つの属に分類されるが，このうち *Tospovirus*（トスポウイルス）属が植物に感染する．*Tospovirus* 属のウイルス粒子は被膜をもち，直径70〜90 nmの球形である．ゲノムは3分節に分かれており，マイナスあるいは，プラスとマイナスの両極性を有するアンビセンスなRNAである．宿主域は広く，アザミウマなどの総翅目の昆虫や，接木により伝搬される．汁液接種が可能であるが，種子や花粉伝染はしない．

3) *Ophioviridae*（オフィオウイルス科）

1科1属のウイルスであり，ウイルス粒子は被膜をもたず，直径3 nmの糸状である．ウイルス粒子は2種類存在しており，それぞれの長さは300〜500 nm，1500〜2500 nmである．ゲノムは多分節でありマイナス一本鎖RNAである．ウイルスは検定植物において機械接種により感染するが自然宿主においては，栄養繁殖において伝染する．一部のウイルスは *Olpidium brassicae* の遊走子により伝搬することが確認されている．

4) 未 定 科

Tenuivirus（テヌイウイルス）属の粒子は被膜をもたず糸状であり，1種類の外被タンパク質からなる．ウイルスゲノムは，4〜6分節であり，マイナスおよびアンビセンスな一本鎖RNAである．宿主域はイネ科植物であり，ウンカによ

り伝搬する．ウンカに感染した *Tenuivirus* 属は経卵巣感染により感染を広げる．*Varicosavirus*（バリコサウイルス）属の粒子は被膜をもたず，長さ320～360 nm，幅 18 nm の棒状である．ウイルスゲノムは，6.8 kb，6.1 kb の 2 分節，マイナス一本鎖 RNA であり，それぞれが 2 つ，5 つの ORF をコードする．宿主域はキク科およびナス科であり，土壌伝染性である．水耕栽培においては，ツボカビ類の遊走子により伝搬する．種子伝搬は報告されていないが，実験室内での機械接種による伝搬は報告されている．

f. RT 一本鎖 RNA ウイルス

1）*Metaviridae*（メタウイルス科）

真核生物に認められるレトロトランスポゾンの一種で，Ty 3-gypsy タイプの LTR 型レトロトランスポゾンと呼ばれる．本科 3 属のうち *Metavirus*（メタウイルス）属の一部が植物に存在する．複製中間体として，一般的に球状だが不規則な直径約 50 nm のウイルス様粒子を形成する．DNA の形態として宿主ゲノムに組み込まれた配列の長さは 4 kbp から約 10 kbp である．両端に LTR をもち，中央に gag ならびに pol のタンパク質をコードする ORF をもつ．

2）*Pseudoviridae*（シュードウイルス科）

真核生物に認められるレトロトランスポゾンの一種で，Ty 1-copia タイプの LTR 型レトロトランスポゾンと呼ばれる．本科 3 属のうち *Pseudovirus*（シュードウイルス）属が植物に存在する．複製中間体として，細胞内で平均直径が 20～30 nm の卵形から球状のウイルス様粒子を形成する．RNA ゲノムは約 5～9 kb で，gag および pol をコードする 2 つの ORF を含む．DNA の形態では両側に LTR をもつ．

g. ウイロイド，サテライト

1）*Pospiviroidae*（ポスピウイロイド科）

粒子構造をもたない 240～400 塩基の環状一本鎖 RNA である．本科ウイロイドの RNA は棒状構造をとっており，中央保存領域（central conserved region (CCR)）と呼ばれる保存性の高い領域を含む 5 つのドメインをもつ．核において非対称ローリングサークル型の複製が行われる．ハンマーヘッド型リボザイムによる自己切断能をもたず，切断には宿主の酵素が関わると考えられている．広い宿主域をもつものもある．栄養繁殖を通じて伝搬するが，*Tomato planta macho viroid* はアブラムシ伝播することが知られている．

2) *Avsunviroidae*（アブサンウイロイド科）

粒子構造をもたない240〜340塩基の環状一本鎖RNAである．本科ウイロイドのRNAは中央保存領域をもたず，ハンマーヘッド型リボザイムによる自己切断能をもつ．葉緑体を増殖の場として対称ローリングサークル型の複製を行う．宿主域は狭く，主に栄養繁殖を通じて伝搬する．

3) Satellites（サテライト）

サテライトは複製に必要な機能をもつ遺伝子を欠き，その複製はヘルパーウイルスに依存している．ゲノム配列がほとんど，もしくはすべてヘルパーウイルスとは異なっている点で，ヘルパーウイルスから派生したものであるdefective interfering RNAとは異なる．サテライトは，粒子化するための外被タンパク質をゲノムにコードしている「サテライトウイルス」と，外被タンパク質をゲノムにもたずヘルパーウイルスの外被タンパク質によって粒子化する「サテライト核酸」の大きく2つに分けられる．サテライトウイルスのうち植物で見いだされているのは，Tobacco necrosis satellite virus-like satellite virusである．本サテライトウイルスの粒子は直径約17 nmの球形であり，17〜24 kDaの外被タンパク質がコードされるORFをもつRNAゲノムからなる．サテライト核酸のうち植物で見いだされているのは，single-stranded satellite DNAsおよびsingle-stranded satellite RNAsの2つである．single-stranded satellite DNAsはジェミニウイルスをヘルパーウイルスとする長さ約0.7〜1.3 kbの環状DNAである．single-stranded satellite RNAsは長さ0.8〜1.5 kbのlarge single-stranded satellite RNAs，長さ0.7 kb以下のsmall linear single-stranded satellite RNAs，および長さ約350塩基のcircular single-stranded satellite RNAsの3種類に大きく分けられる．〔難 波 成 任〕

参 考 文 献

Adams, M. J., Antoniw, J. F., and Fauquet, C. M. (2005): Molecular criteria for genus and species discrimination within the family *Potyviridae*. *Arch Virol*. **150**, 459-479.

Bawden, F. C. (1939): *Plant Viruses and Virus Diseases*. Chronica Botanica Company.

Beijerinck, M. W. (1898): Over een contagium vivum fluidum als oorzaak van de vlekziekte der tabaksbladen. *Versl. Gewone Vergad. Wis Natuurk. Afd. K. Akad. Wet. Amsterdam* **7**, 229-235.

Brandes, J., and Bercks, R. (1965): Gross morphology and serology as a basis for classification of elongated plant viruses. *Adv. Virus Res*. **11**, 1-22.

Fauquet, C. M., Mayo, M. A., Maniloff, J., Desselberger, U., and Ball, L. A. (2005): *Virus Taxonomy: Classification and Nomenclature of Viruses; Eighth Report of the International Committee On Taxonomy of Viruses*. Academic Press.

Fauquet, C. M., Briddon, R. W., Brown, J. K., Moriones, E., Stanley, J., Zerbini, M., and Zhou, X. (2008): Geminivirus strain demarcation and nomenclature. *Arch Virol*. **153**, 783-821.

古澤 巌・難波成任・高橋 壮・高浪洋一・都丸敬一・土崎常男・吉川信幸 (1996)：植物ウイルスの分子生物学―分子分類の世界―. 学会出版センター, 1-82, 337-389 pp.

Gibbs, A. J., and Harrison, B. D. (1966): What's in a virus name? *Nature* **209**, 405-454.

Gibbs, A. J. (1969): Plant virus classification. *Adv. Virus Res*. **14**, 263-328.

畑中正一 (1997)：ウイルス学. 朝倉書店.

Harrison, B. D., Finch, J. T., Gibbs, A. J., Hollings, M., Shepherd, R. J., Valenta, V., and Wetter, C. (1971): Sixteen groups of plant viruses. *Virology* **45**: 356-363.

Holmes, F. O. (1939): Proposal for extension of the binomial system of nomenclature to include viruses. *Phytopathology*. **29**, 431-436.

Holmes, F. O. (1948): The filterable viruses. *Bergey's Manual of Determinative Bacteriology. 6th ed. Supplement 2*. Williams and Wilkins Company, 1127-1286.

Hull, R. (2002): *Matthews' Plant Virology, 4th ed*. Academic Press, 13-42.

Johnson, J. (1927): The classification of plant viruses. *Wis. Agric. Exp. Stn. Res. Bull*. **76**, 1-16.

Lwoff, A., Horne, R., and Tournier, P. (1962): A system of viruses. *Cold Spring Harb Symp Quant Biol*. **27**, 51-55.

Lwoff, A., and Tounier, P. (1966): The classification of viruses. *Annu. Rev. Microbiol*. **20**, 45-74.

Martelli, G. P., Adams, M. J., Kreuze, J. F., and Dolja, V. V. (2007): Family Flexiviridae: a case study in virion and genome plasticity. *Annu. Rev. Phytopathol*. **45**, 73-100.

Milne, R. G. (1985): Alternatives to the species concept for virus taxonomy. *Intervirol*. **24**, 94-98.

日本植物病理学会 (2004)：日本植物病名目録. 日本植物防疫協会.

大木 理 (2006)：植物防疫基礎講座：植物ウイルスの分類学(1)――概論：植物ウイルス分類の全体像. 植物防疫 **60**, 552-555.

Smith, K. M. (1937): *A Text Book of Plant Virus Diseases. 1st ed*. J. & A. Chuurchill Ltd.

van Regenmortel, M. H. (1999): How to write the names of virus species. *Arch Virol*. **144**, 1041-1042.

van Regenmortel, M. H. (2003): Viruses are real, virus species are man-made, taxonomic constructions. *Arch Virol*. **148**, 2481-2488.

與良 清・斎藤康夫・土居養二・井上忠男・都丸敬一編 (1983)：植物ウイルス事典. 朝倉書店.

6. ウイルスゲノムの構造とその発現

6.1 ウイルスのゲノムと遺伝

1944年のAveryらの肺炎双球菌の形質転換実験，さらに1952年のHershey & ChaseのバクテリオファージT2の感染実験によって，細菌や，細菌に感染するウイルスであるファージの遺伝物質がDNAであることが明らかになったことはよく知られている．同様に，ほとんどすべての生物は遺伝物質としてDNAをもつ．一方で，植物に感染するウイルスは，遺伝物質として同じ核酸でもRNAを有するものが多い．ウイルスにおいてRNAがゲノムとして機能することを最初に証明したのは1957年のFraenkel-Conrat&Singerによるタバコモザイクウイルス（tobacco mosaic virus；TMV）の実験である．彼らは，試験管内でウイルスのRNAと外被タンパク質（CP）が自己会合しウイルス粒子が再構成されることを見出し，この実験系を用いて，それぞれ異なる系統のTMVから調製したRNAとCPからなるウイルス粒子を再構成してその性質を調べた．その結果，このウイルス粒子の遺伝形質はRNAによって決まり，CPは現れる形質とは無関係であること，すなわちTMVのゲノムがRNAであることを明らかにした．

植物ウイルスゲノムの本体が核酸（DNAまたはRNA）であることがわかると，次に，ウイルスの遺伝形質の発現がどのような機構により行われるのかについての研究が競って行われた．その結果，ウイルスのゲノム構造はウイルスによって多様であり，また遺伝情報の発現様式もウイルスによって異なることがわかってきた．

6.2 ウイルスのゲノムと進化

近年，ウイルスゲノムの構造解析が急速に進み，とくに，植物ウイルスの大多数を占めるプラス鎖RNAウイルスには系統進化が認められ，動植物ウイルスは共通の祖先から進化したと考えられるようになってきた．そして，その複製酵素のアミノ酸配列の比較によって，プラス鎖RNAウイルスはピコルナ様スーパー

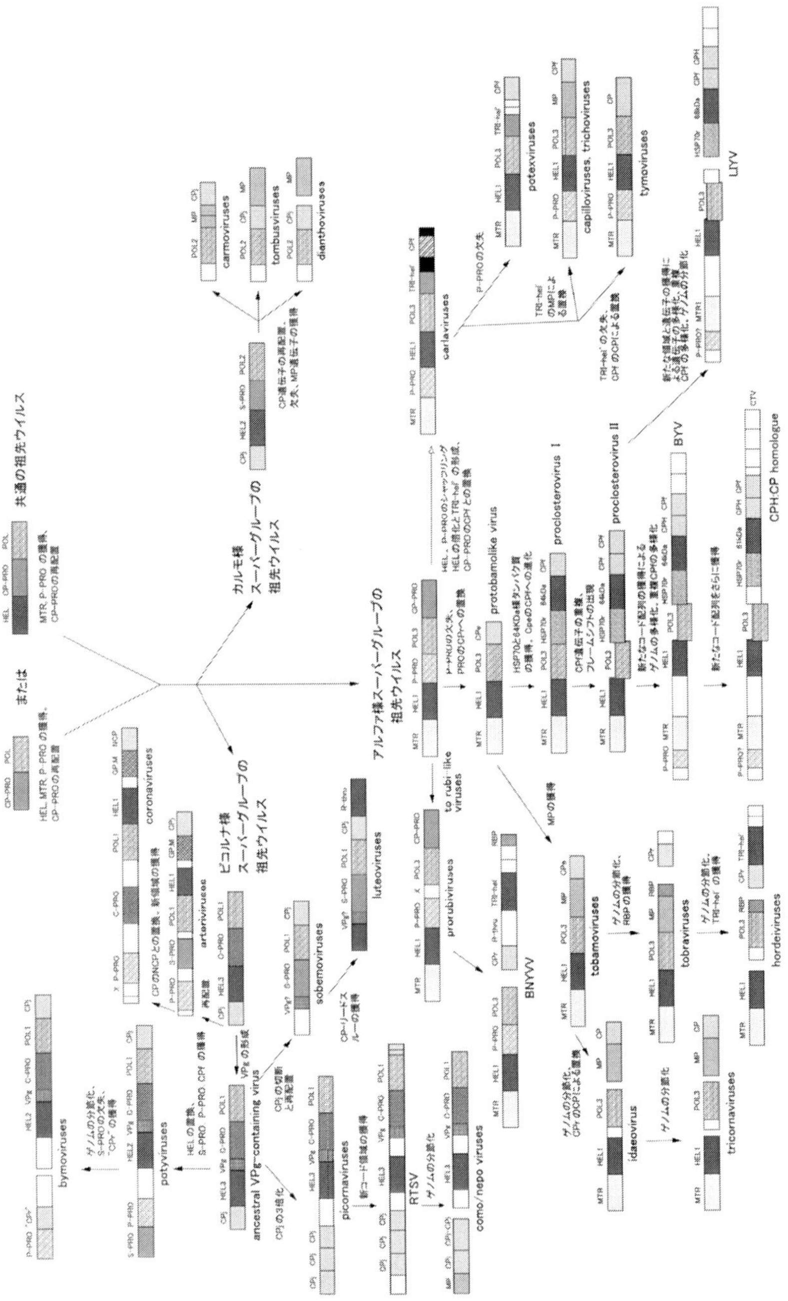
共通の祖先ウイルス
または
カルモ様スーパーグループの祖先ウイルス
ピコルナ様スーパーグループの祖先ウイルス
アルファ様スーパーグループの祖先ウイルス
carmoviruses
tombusviruses
dianthoviruses
carlaviruses
potexviruses
capilloviruses, trichoviruses
tymoviruses
LIYV
protobamolike virus
proclosterovirus I
proclosterovirus II
BYV
CPH:CP homologue
to rubi like viruses
prorubiviruses
BNYVV
tobamoviruses
tobraviruses
hordeiviruses
idaeovirus
tricornaviruses
coronaviruses
arteriviruses
sobemoviruses
luteoviruses
ancestral VPg-containing virus
potyviruses
bymoviruses
picornaviruses
RTSV
como/nepo viruses

（出典：古澤　巌・難波成任・高橋　壮・高浪洋一・都丸敬一・土崎常男・吉川信幸（1996）：植物ウイルスの分子生物学——分子分類の世界——）

グループ，アルファ様スーパーグループ，カルモ様スーパーグループなどに分けられ，科以上の上位の階級で系統分類を論ずることができるようになった（図6.1）．「最初に出現したプラス鎖 RNA ウイルス」は RNA 依存 RNA ポリメラーゼ（RdRp）をコードしていたはずで，これがその後の進化の過程で，現在のウイルス祖先となる主要な3つの子孫を形成していったものと考えられる．

この3つのスーパーグループはそれぞれ3種の異なるスーパーファミリーに属するヘリカーゼをコードしている．少なくともヘリカーゼのスーパーファミリー1と2に関する限り両者とも真性細菌と真核生物の両方に認められており，進化のごく初期の段階で共通の祖先が存在していたことを示している．したがって，ヘリカーゼの3つのスーパーファミリーはそれぞれ，プラス鎖 RNA ウイルスの進化の初期の段階で分化したと考えられている．ヘリカーゼが3つのスーパーファミリーに分化していることは，細胞や DNA ウイルス，RNA ウイルスにおいても認められているため，ヘリカーゼのスーパーファミリーの分化はウイルスや細胞のゲノムが分化する前，すなわち太古の「RNA ワールド」の進化の過程で起こったものと考えられている．

このような3つのスーパーグループのウイルスの共通祖先から，それぞれのスーパーグループの祖先への進化の過程においては，さまざまな遺伝子の獲得や欠失が起こったと考えられている．たとえば，ピコルナ様スーパーグループやカルモ様スーパーグループでは外被タンパク質遺伝子が獲得され，それに伴い，初期の外被タンパク質プロテアーゼの機能が欠失したと推定される．また，アルファ

図 6.1　プラス鎖 RNA ウイルスの進化のシナリオ
RTSV：rice tungro spherical virus，BNYVV：beet necrotic yellow vein virus，BYV：beet yellows virus，CTV：citrus tristeza virus，LIYV：lettuce infectious yellows closterovirus，POL：RNA 依存 RNA ポリメラーゼ，CP-PRO：カプシドプロテアーゼ，P-PRO：パパイン様プロテアーゼ，C-PRO：システイン・キモトリプシン様プロテアーゼ，S-PRO：セリン・キモトリプシン様プロテアーゼ，POL 1-3：スーパーグループ 1-3 の RNA ポリメラーゼ，HEL 1-3：スーパーファミリー 1-3 のヘリカーゼ，TRI-hel'：「アクセサリー」のヘリカーゼをもったトリプルジーンブロック，CPj：ジェリーロール構造をもった球状ウイルスの外被タンパク質，CPf：ひも状ウイルスの外被タンパク質，CPe：長形ウイルスの外被タンパク質（おそらく棒状ウイルスとひも状ウイルスの外被タンパク質の祖先となるタンパク質），CPH：外被タンパク質に相同なタンパク質，R-thru：リードスルー翻訳による発現領域，RBP：RNA 結合タンパク質，HSP 70 r：HSP 70 様タンパク質，MP：植物ウイルスの細胞間移行タンパク質．Koonin, E. V. and Dolja, V. V. (1993): Evolution and taxonomy of positive-strand RNA viruses: Implications of comparative analysis of amino acid sequences. *Crit. Rev. Biochem. Mol. Biol*. **28**. 375-430．および Shukla, D. D., Ward, C. W. and Brunt, A. A. (1994): *The Potyviridae*. CAB International, Wallingford, UK. を参考に作成．

様スーパーグループでは，パパイン様プロテアーゼ遺伝子が獲得されたと考えられる．

今日，植物ウイルスと動物ウイルスはそのほとんどが別に分類されているが，このことは，両者がまったく隔離された存在であることを示すものではない．その根拠として次の2つの仮説が考えられる．1つはウイルスが宿主間を水平移動したとする仮説であり，もう1つは宿主の進化とともに共進化していったとする説である．前者の仮説は，昆虫がその媒介者として働いたと考えられる場合で，もっとも一般的でわかりやすい説明である．昆虫ウイルスを植物に実験的に感染させることができるとの報告がこの仮説を支持している．他方で，後者の仮説を採れば，3つのスーパーグループのそれぞれに認められる植物および動物ウイルスを分けている大きな枝分かれが，まさに植物と動物の分岐した時点に相当すると考えることもできる．実際，動物ウイルスのみに認められる被膜の糖タンパク質遺伝子や，植物ウイルスにのみ広く認められる多分節ゲノムなどは，動物と植物のウイルスでそれぞれ別個に進化してきたと思われる特徴である．

6.3　ウイルスゲノムの構造とその発現

a. プラス一本鎖 RNA ウイルス

植物ウイルスのうち，粒子が棒状，ひも状，小球状の形状を示す大多数のウイルスはゲノムとしてプラス一本鎖 RNA をもつ．プラス一本鎖 RNA ウイルスでは，ゲノム RNA から直接翻訳されるタンパク質が RdRp 活性をもち，その後の複製などのプロセスを開始することが多い．ここでは，プラス一本鎖 RNA ウイルスの構造と発現様式を，その代表的な科，あるいは属を挙げながら解説する．

1) *Tombusviridae*（トンブスウイルス科）

本科は *Tombusvirus*（トンブスウイルス）属，*Necrovirus*（ネクロウイルス）属，*Dianthovirus*（ダイアンソウイルス）属などの8属からなるが，そのウイルスのゲノムは，2分節である *Dianthovirus* 属を除くと単一のプラス一本鎖 RNA である．ゲノム RNA の5′端にキャップ構造をもつものともたないものがあり，3′端はポリアデニル化されていない．その5′端と3′端の非翻訳領域には，キャップをもたない RNA からのキャップ非依存的なタンパク質の翻訳に関与する配列が存在することが報告されている．また，ゲノムにコードされるタンパク質の数は属によって異なり，3つから5つの ORF をもつ．

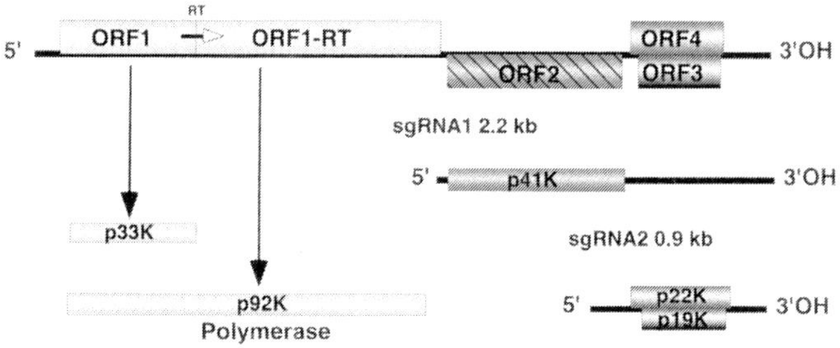

図 6.2　tomato bushy stunt virus のゲノム構造とその発現様式（出典：Fauquet, C. M., Mayo., M. A. Maniloff, J., Dessdberger, U. and Ball, L. A. eds. (2005)：*Virus Taxonomy, Classification and Nomenclature of Viruses, 8th ICTV Report of the International Committee on Taxonomy of Viruses*. Elsevier/Academic Press）

本科 *Tombusvirus* 属の TBSV（tomato bushy stunt virus）のゲノムには，4つの ORF が存在し，5種類のタンパク質が作られる．（図 6.2）．

ORF1 は 33 kDa タンパク質とそのリードスルー産物である 92 kDa タンパク質をコードしており，ウイルスの複製に関与する．これらのタンパク質はゲノム RNA を mRNA として翻訳される．ORF2 は 41 kDa の外被タンパク質で 2.2 kb のサブゲノム RNA から，ORF3 と 4 はともに 0.9 kb のサブゲノム RNA から翻訳され，それぞれウイルスの細胞間移行に関与する p22 タンパク質と，宿主の RNA サイレンシングの抑制因子である p19 タンパク質をコードしている．これに対して，2分節のゲノムをもつ *Dianthovirus* 属のウイルスは，複製酵素の翻訳の際にリードスルーではなくフレームシフト機構を用いて2種のタンパク質を発現するなど，ゲノム構造や発現様式が本科のほかのウイルスとは異なる．

2）*Comoviridae*（コモウイルス科）

本科は *Comovirus*（コモウイルス）属，*Fabavirus*（ファバウイルス）属，*Nepovirus*（ネポウイルス）属の3属からなる．いずれの属のウイルスも2分節のプラス一本鎖 RNA（RNA-1，2）をゲノムにもち，そのゲノムサイズは RNA-1 が 5.9〜8.4 kb，RNA-2 が 3.1〜4.5 kb 程度であるが，*Nepovirus* 属には RNA-2 の大きさが 7 kb を超える種も知られている．また，*Comovirus* 属ウイルスが2種類の CP をもつのに対し，*Nepovirus* 属ウイルスは1種類の CP しかもたない．

Comovirus 属のタイプ種である CPMV（cowpea mosaic virus）のゲノムは，5.9 kb の RNA-1 と 3.5 kb の RNA-2（あるいは B-RNA と M-RNA とも呼ば

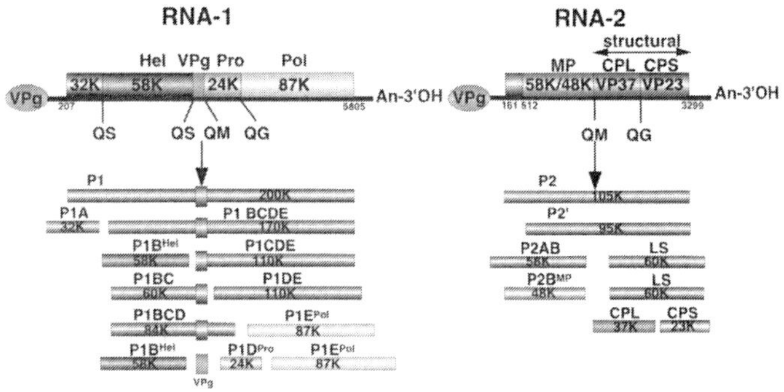

図 6.3　cowpea mosaic virus（CPMV）のゲノム構造とコードされるポリタンパク質の切断様式（出典：図 6.2 に同じ）

れる）の 2 分節である．それぞれの RNA はゲノム結合タンパク質（VPg）を 5′ 端に，3′ 端にポリ A 配列をもつ（図 6.3）．これら RNA-1 と RNA-2 の 5′ 端，3′ 端の配列は互いに高い相同性を示し，この両末端配列の高い相同性はそれぞれの RNA の複製に必要である．RNA-1 には 200 kDa の，RNA-2 には 105 kDa のポリタンパク質がコードされており，切断によって多種の機能タンパク質が生成する．RNA-1 にコードされる 200 kDa のポリタンパク質からは最終的に 5 種のタンパク質が生成するが，そのうち，32 kDa タンパク質と 24 kDa タンパク質がプロテアーゼ活性をもつ．一方，58 kDa タンパク質は核酸結合能を有し，87 kDa タンパク質は RdRp のモチーフをもつが，これら 2 つのタンパク質は複製複合体中に見出される．VPg は 58 kDa タンパク質と 24 kDa タンパク質の間に存在する．RNA-2 にコードされる 105 kDa タンパク質からは 2 種の外被タンパク質（CPL と CPS）と，細胞間移行に関わる P2B が生成する．

3）*Potyviridae*（ポティウイルス科）

本科のウイルスは，*Potyvirus*（ポティウイルス）属，*Bymovirus*（バイモウイルス）属など 6 属からなる．*Bymovirus* 属以外は 8.5〜10 kb の単一のプラス一本鎖 RNA をゲノムとしてもつ（図 6.4）．ゲノムには長い 1 つのポリタンパク質がコードされ，これが切断されることで機能タンパク質が作られる．*Bymovirus* 属ウイルスは，*Potyvirus* 属ウイルスと同様のセットの機能タンパク質を 2 分節のゲノムにコードしている．

Potyvirus 属ウイルスのゲノム RNA は 5′ 端に VPg，3′ 端にポリ A 配列を有する．ゲノムには約 340 kDa のポリタンパク質をコードする単一の ORF が存在

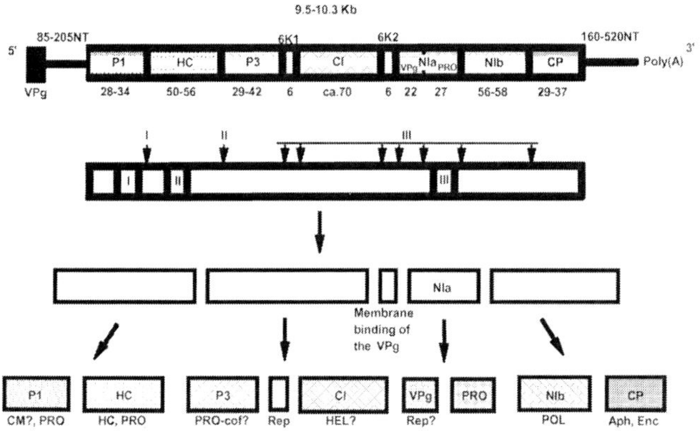

図 6.4　TEV（tobacco etch virus）をモデルとした *Potyvirus* 属ウイルスのゲノム構造とポリタンパク質の切断様式（出典：図 6.1 に同じ）

し，このタンパク質が自身のコードするプロテアーゼ活性により 9，あるいは 10 種の機能タンパク質へと切断される．キャップ構造をもたないゲノム RNA からのポリタンパク質の翻訳は，5′ 端の非翻訳領域の配列の働きによって効率的に行われていると考えられている．ポリタンパク質から切断によって生成するタンパク質は，P1 プロテアーゼ（first protein），媒介介助タンパク質（helper component-protease：HC-pro），P3（third protein），6K1（6K first protein）管状封入体（cylindlical inclusion protein：CI），6 K 2（6K second protein），核内封入体 a-ゲノム結合タンパク質（small nuclear inclusion protein-genome linked protein：NIa-VPg），NIa-プロテアーゼ，核内封入体 b（large nuclear inclusion protein：NIb）（ポリメラーゼ），外被タンパク質（coat protein：CP）などである．ポリタンパク質から機能性タンパク質を切り出すためのプロテアーゼ活性は，P1 タンパク質，HC タンパク質，そして NIa タンパク質の 3 つが担っている．TEV（tobacco etch virus）の場合 NIb は 58 kDa の RdRp，CI は約 70 kDa の RNA ヘリカーゼタンパク質で，ともにウイルスの複製に関与する．ポリタンパク質の C 末端側に存在する CP は，アブラムシ伝搬性にも関与する．また，CI はポティウイルスが感染した植物細胞内に認められる風車状封入体と呼ばれる構造を構成するタンパク質でもある．HC-pro は，昆虫伝播を介助する機能があるためにこのように呼ばれているが，現在は RNA サイレンシングの抑制因子としての役割が明らかになっている．

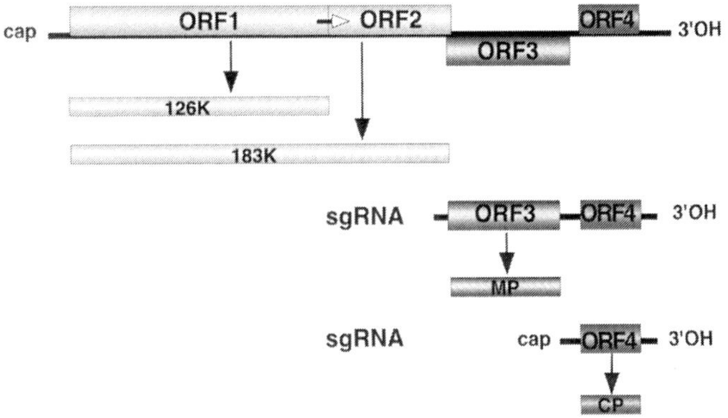

図 6.5 tobacco mosaic virus（TMV）のゲノム構造とその発現様式
（出典：図 6.2 に同じ）

4）*Tobamovirus*（トバモウイルス属）

Tobamovirus 属ウイルスのゲノムは 6.3～6.6 kb の長さの一本鎖 RNA で，5′端にキャップ構造を，3′端に tRNA 様構造をもつ．タイプ種である TMV は感染細胞内で 183 kDa，126 kDa，30 kDa および 17.5 kDa のウイルスタンパク質を合成する（図 6.5）．このうち，183 kDa および 126 kDa タンパク質はゲノム RNA を mRNA として翻訳され，ウイルス RNA の複製に関与する．183 kDa タンパク質は，126 kDa タンパク質遺伝子のリードスルーによって合成される．30 kDa タンパク質はウイルスの細胞間移行に必要な移行タンパク質（MP）であり，17.5 kDa タンパク質は外被タンパク質（CP）である．これら 2 種のタンパク質の ORF は 2 種類のサブゲノム RNA が作られることによって翻訳される．さらに，アブラナ科系の TMV の CP は，本来の CP サブゲノム RNA による翻訳以外に，ゲノム RNA から直接に IRES の働きによって翻訳される機構が存在することが報告されている．

5）*Luteoviridae*（ルテオウイルス科）

ルテオウイルス科ウイルスのゲノムは単一のプラス一本鎖 RNA であり，その長さは 5.5～6.0 kb である．ゲノムの 5′末端には VPg が結合し，3′末端にポリ A 配列は存在しない．*Luteovirus*（ルテオウイルス）属のタイプ種である barley yellow dwarf virus（BYDV）-PAV のゲノムには 6 つの ORF が存在する（図 6.6）．ORF1 と 2 がコードするタンパク質は複製酵素（RdRp）の成分である．ORF2 にコードされる 99 kDa タンパク質は ORF1 がコードするタンパク質

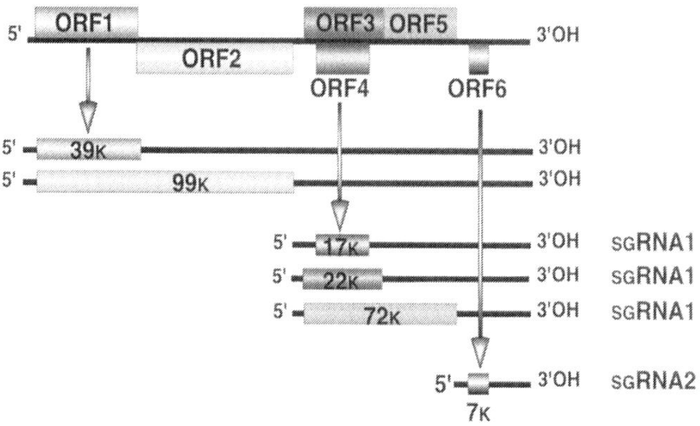

図 6.6　barley yellow dwarf virus（BYDV）のゲノム構造とその発現様式（出典：図 6.2 に同じ）

（39 kDa）からフレームシフトにより翻訳される．ORF3（22 kDa）は外被タンパク質（CP）をコードする．さらに，ORF3 の終始コドンのリードスルーによって ORF5 との融合タンパク質（72 kDa）が発現する．このタンパク質はアブラムシ伝搬に関与する．ORF 3 はサブゲノム RNA を介して翻訳されるが，ORF4（17 kDa）も同じサブゲノム RNA から，ORF3 とは別フレームで発現する．この ORF4 の翻訳には ORF3 の開始コドンのリーキースキャニングが関与している．ORF4 産物はウイルスの長距離移行に必要であると考えられている．ORF6（7 kDa）は機能未知であるが，ORF6 を発現するためのサブゲノム RNA は，ORF3，4 を発現するサブゲノム RNA とは別に転写される．また，*Polerovirus*（ポレロウイルス）属，*Enamovirus*（エナモウイルス）属のウイルスは ORF1 の上流に ORF0 をコードしている．*Polerovirus* 属の beet western yellows virus の ORF0 産物は RNA サイレンシングの抑制因子であることが明らかにされている．BYDV の 5′ 非翻訳領域（5′ UTR）および 3′ UTR は互いに相互作用することによりキャップ，ポリ A 配列にともに非依存的にウイルスタンパク質の翻訳を活性化することが明らかにされている．

6）*Tymoviridae*（ティモウイルス科）

ティモウイルス科ウイルスは単一のプラス一本鎖 RNA ゲノムをもち，その長さは 6.0〜7.5 kb である．ゲノムの 5′ 末端にはキャップが結合するが，3′ 末端は tRNA 様構造をとるものとポリ A 配列をもつものが含まれる．*Tymovirus*（ティモウイルス）属のタイプ種である turnip yellow mosaic virus（TYMV）

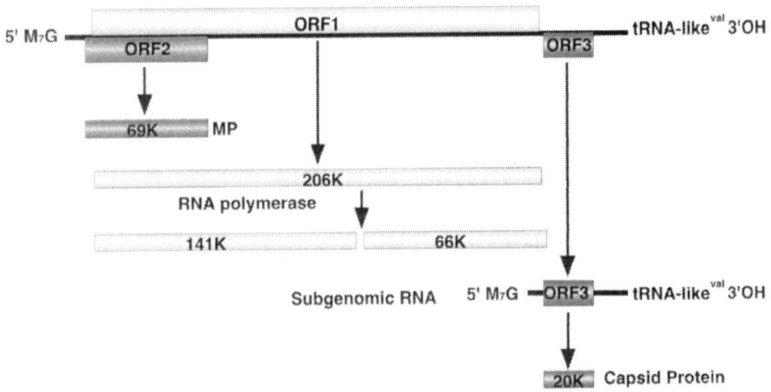

図 6.7　turnip yellow mosaic virus（TYMV）のゲノム構造とその発現様式
（出典：図 6.2 に同じ）

のゲノムには 3 つの ORF が存在する（図 6.7）．ORF1 と 2 はゲノム RNA から翻訳されるが，ORF1 は ORF 2 の開始コドンのリーキースキャニングにより翻訳される．ORF1 はメチルトランスフェラーゼ（Mtr），パパイン様プロテアーゼ（P-Pro），ヘリカーゼ（Hel），ポリメラーゼ（Pol）の保存ドメインをもつ 206 kDa のタンパク質をコードしている．この 206 kDa タンパク質は，P-Pro により自己切断されて 141 kDa と 66 kDa のタンパク質が生じる．ORF2 は 69 kDa の MP をコードするが，このタンパク質は RNA サイレンシングの抑制因子でもあることが明らかにされている．ORF3 からはサブゲノム RNA を介して 20 kDa の CP が翻訳される．

7）***Bromoviridae***（ブロモウイルス科）

ブロモウイルス科ウイルスのゲノムは 3 分節のプラス一本鎖 RNA で，これらはいずれも異なる粒子に含まれ，ゲノムの合計の長さは約 8 kb である（図 6.8）．ゲノムの 5′ 末端にはキャップが結合しており，3′ 末端は tRNA 様構造（*Bromovirus*（ブロモウイルス）属および *Cucumovirus*（ククモウイルス）属）もしくはその他の強固な RNA 二次構造（*Alfamovirus*（アルファモウイルス）属，*Ilarvirus*（イラルウイルス）属，*Oleavirus*（オレアウイルス）属）を形成する．*Bromovirus* 属のタイプ種である brome mosaic virus（BMV）のゲノムには 4 つの ORF が存在する．ORF1a と 2a はそれぞれ RNA 1 と 2 に存在する．これらがコードするタンパク質（1a と 2a）は複製に関与し，前者はメチルトラ

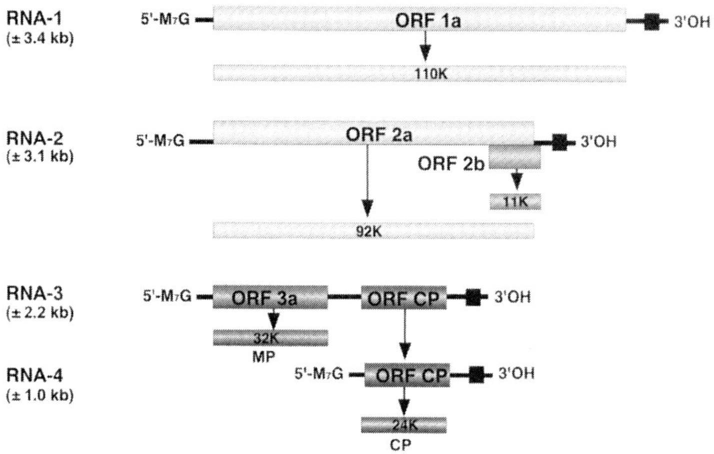

図 6.8 cucumber mosaic virus（CMV）のゲノム構造とその発現様式
（出典：図 6.2 に同じ）

ンスフェラーゼとヘリカーゼ，後者はポリメラーゼの保存ドメインをもつ．RNA3 には 2 つの ORF（ORF3a および ORF3b）が存在する．前者は MP であり，後者は CP である．CP はサブゲノム RNA を介して発現する．*Cucumovirus* 属のウイルスは RNA2 にもう 1 つの ORF（ORF2b）をもち，その産物は RNA サイレンシングの抑制因子として知られている．

8）***Flexiviridae*（フレキシウイルス科）**

フレキシウイルス科ウイルスは単一のプラス一本鎖 RNA ゲノムをもち，その長さは 5.9〜9.0 kb である（図 6.9）．ゲノムの 5′ 末端にはキャップ，3′ 末端はポリ A 配列をもつが，ゲノム構造は属によって多様である．属ごとにもっとも特徴的に異なっているのは移行タンパク質（MP）であり，*Mandarivirus*（マンダリウイルス）属，*Allexivirus*（アレキシウイルス）属，*Carlavirus*（カルラウイルス）属，*Foveavirus*（ホベアウイルス）属，*Potexvirus*（ポテックスウイルス）属は triple gene block（TGB）タイプの MP をもつのに対して，*Capillovirus*（カピロウイルス）属，*Vitivirus*（ビチウイルス）属，*Trichovirus*（トリコウイルス）属のウイルスは単一の MP をもつ．*Potexvirus* 属のタイプ種である potato virus X（PVX）のゲノムには 5 つの ORF が存在する．ORF 1（147 kDa）は複製酵素であり，メチルトランスフェラーゼ（Mtr），ヘリカーゼ（Hel），ポリメラーゼ（Pol）の保存ドメインをもつ．ORF2，3 と 4 は

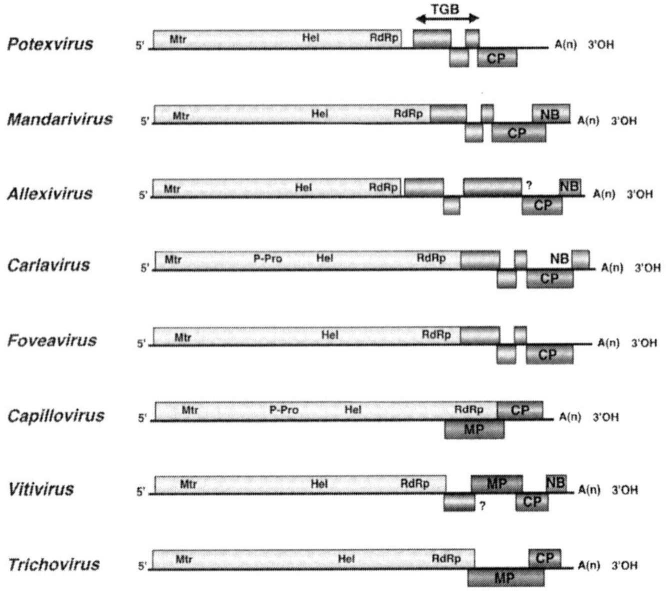

図 6.9　フレキシウイルス科ウイルスのゲノム構造（出典：図 6.2 に同じ）

それぞれオーバーラップしており，TGB タンパク質（TGBps）と呼ばれる 25 kDa，13 kDa，7 kDa のタンパク質（それぞれ TGBp1，TGBp2，TGBp3）をコードする．TGBp1，2 および 3 は MP である．また TGBp1 は RNA サイレンシングの抑制因子である．ORF5 は 25 kDa の CP をコードする．TGBp1，TGBp2 および CP はそれぞれ異なるサブゲノム RNA から翻訳される．TGBp2 と TGBp3 は同じサブゲノム RNA から翻訳されるが，TGBp3 は TGBp2 の開始コドンのリーキースキャニングにより発現する．*Mandarivirus* 属，*Allexivirus* 属，*Carlavirus* 属のウイルスはゲノムの 3′ 末端に核酸結合タンパク質（NB）をコードする．一方，*Capillovirus* 属のタイプ種である apple stem grooving virus（ASGV）は 2 つの ORF をコードする．ORF1 は複製酵素および CP をコードする．ORF1 にはメチルトランスフェラーゼ（Mtr），パパイン様プロテアーゼ（P-Pro），ヘリカーゼ（Hel），ポリメラーゼ（Pol）および CP の保存ドメインが存在するが，CP はサブゲノム RNA を介して ORF1 の途中から発現する．ORF2 はサブゲノム RNA を介して発現する，TMV の MP と相同性をもつ MP である．

9) *Closteroviridae*（クロステロウイルス科）

クロステロウイルス科ウイルスは植物ウイルスの中でもっとも長いゲノムをもつ．*Closterovirus*（クロステロウイルス）属と *Ampelovirus*（アンペロウイルス）属のウイルスは単一のプラス一本鎖 RNA ゲノムをもち，一方 *Crinivirus*（クリニウイルス）属ウイルスは 2 分節のプラス一本鎖 RNA ゲノムをもつ．いずれもゲノム RNA の合計は 15 kb〜20 kb である．ゲノムの 5′ 末端にはキャップが結合し，3′ 末端にはいくつかのヘアピン構造が存在する．*Closterovirus* 属のタイプ種である beet yellows virus（BYV）のゲノムには 9 個の ORF が存在する（図 6.10）．ORF1a と 1b は複製酵素の成分であり，前者はパパイン様プロテアーゼ（P-Pro），メチルトランスフェラーゼ（Mtr）とヘリカーゼ（Hel），後者はポリメラーゼの保存配列をもつ．ORF1b は ORF1a の終始コドン付近でフレームシフトが起きることにより ORF1a との融合タンパク質として発現する．ORF2〜ORF8 はそれぞれに対応するサブゲノム RNA から発現する．ORF2 がコードする p 6 は膜局在性をもつ疎水性タンパク質である．ORF 3 がコードするタンパク質は熱ショックタンパク質 70 のホモログ（heat shock protein 70 homolog：Hsp70h）である．p6，Hsp70h および ORF4 がコードする p64 が BYV の MP である．ORF5 および 6 はいずれも CP をコードし，それぞれ minor CP（CPm），major CP（CP）である．BYV の細胞間移行には p6，HSP70h，p64，CPm，CP がすべて必要である．ORF7 がコードする p20 は全

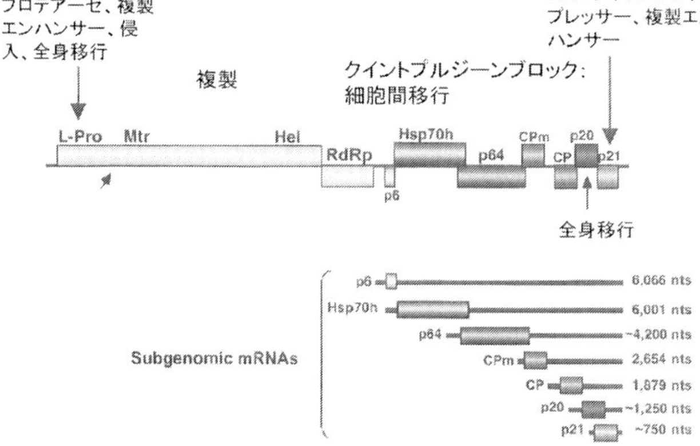

図 6.10　beat yellows virus（BYV）のゲノム構造とその複製様式
（出典：図 6.2 に同じ）

身移行に必要である．ORF8 がコードする p21 は複製の促進因子であるとともに RNA サイレンシングの抑制因子である．

b. マイナス一本鎖 RNA ウイルス

マイナス一本鎖 RNA をゲノムとしてもつ植物ウイルスは，*Rhabdoviridae*（ラブドウイルス科），*Bunyaviridae*（ブンヤウイルス科），*Ophioviridae*（オフィオウイルス科）の 3 つの科と，科への帰属が決まっていない *Varicosavirus*（バリコサウイルス属）および *Tenuivirus*（テヌイウイルス属）の 2 つの属において報告されている．マイナス一本鎖 RNA ウイルスは，プラス一本鎖 RNA ウイルスのように自身のゲノムから直接 RdRp を翻訳することができず，RNA そのものには感染性がない．そのため，感染するとまず，粒子中にあらかじめ含まれている RdRp がゲノムであるマイナス鎖 RNA を鋳型にしてプラス鎖 RNA を合成する．

ラブドウイルス科は 6 属に分類されるが，このうち植物に感染するのは *Cytorhabdovirus*（シトラブドウイルス属）および *Nucleorhabdovirus*（ヌクレオラブドウイルス属）の 2 つの属のウイルスである．両属のウイルスともに単一，一本鎖のゲノム RNA をもち，その大きさは約 11〜13 kb である．このうち，シトラブドウイルス属の lettuce necrotic yellows virus（LNYV）とヌクレオラブドウイルス属の sonchus yellow net virus（SYNV）については，全塩基配列が決定され，両ウイルスが同様の遺伝子セットをもつことが明らかにされている．図 6.11 に SYNV の遺伝子構成を示す．

マイナス鎖のゲノム RNA の 3′ 端から，リーダー配列（SYNV の場合 144 塩基）に続いて 6 つの遺伝子が短い遺伝子間領域を挟んで存在する．これらの遺伝子はそれぞれ別個の RNA としてゲノムから転写され翻訳されると考えられている．6 つの遺伝子のうち，構造タンパク質をコードするのは 4 つである．N 遺伝子は 54 kDa のヌクレオキャプシドタンパク質，M1 と M2 はマトリックスタン

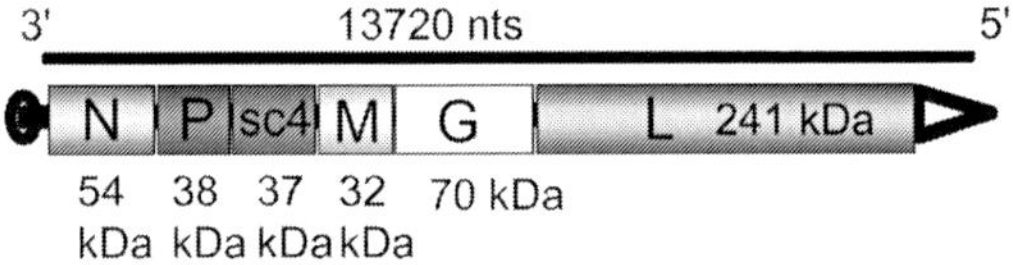

図 6.11 sonchus yellow net virus（SYNV）のゲノム構造

パク質，G遺伝子は糖鎖をもつスパイクタンパク質をそれぞれコードしている．L遺伝子のコードするRdRpは粒子内に取り込まれる．以上の5つの遺伝子は動物に感染するラブドウイルスにも見られるが，sc4遺伝子は植物に感染するラブドウイルスに特有のもので，複製の制御あるいは細胞間移行に関与すると考えられている．

ブンヤウイルス科に含まれる5つの属のうち，植物に感染するウイルスが報告されているのは *Tospovirus*（トスポウイルス属）のみである．トスポウイルス属のウイルスはL，M，Sの3本のRNAをゲノムとしてもつ（図6.12）．もっとも長いL-RNAはマイナス鎖にRdRpをコードしている一方，M-およびS-RNAはともにプラス，マイナスの両極性を有するアンビセンスRNAであり，それぞれに2種類のタンパク質をコードしている．M-RNAのマイナス鎖部分のORFにコードされている遺伝子産物は2つのタンパク質へと切断され，グリコシル化された糖タンパク質は粒子表面でスパイクを形成する．S-RNAのマイナス鎖部分のORFにはヌクレオキャプシドタンパク質がコードされている．

バリコサウイルス属のlettuce big-vein associated virus（LBVaV）は6.8 kbのRNA1と6.1 kbのRNA2の2分節のゲノムをもつ．いずれのRNAも3′端にはポリA配列をもたず，RNA1，RNA2にそれぞれ2つ，5つのORFをもつ．ほとんどのORFのコードするタンパク質の機能は不明であるが，RNA2の最初のORFにはCPがコードされている．

テヌイウイルス属の多くのウイルスは4分節のゲノムをもつ．トスポウイルス属と同様，もっとも長いRNA1はマイナス鎖にRdRpをコードしており，残りのRNAはアンビセンス鎖でそれぞれ2つのORFをもつ．RNA3のプラス鎖部分のORFにコードされている遺伝子産物はヌクレオキャプシドタンパク質であり，RNA4のプラス鎖部分のORFから翻訳されるタンパク質は感染細胞中に蓄積する主要な非構造タンパク質である．ほかの4つのORFの機能は明らかになっていない．rice stripe virus（RSV；イネ縞葉枯ウイルス）の遺伝子構成を図

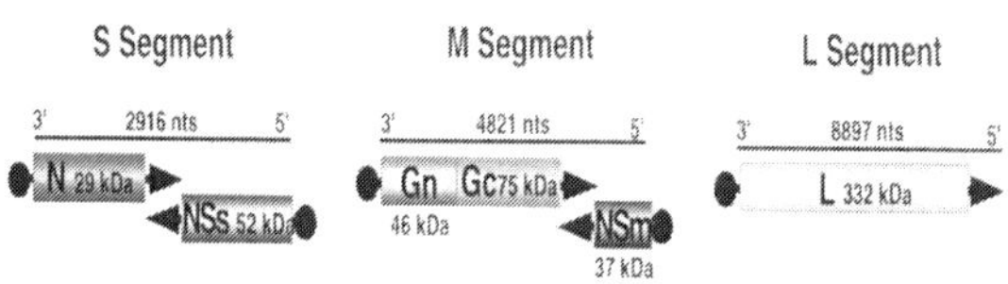

図6.12　tomato spotted wilt virus（TSWV）のゲノム構造（出典：図6.2に同じ）

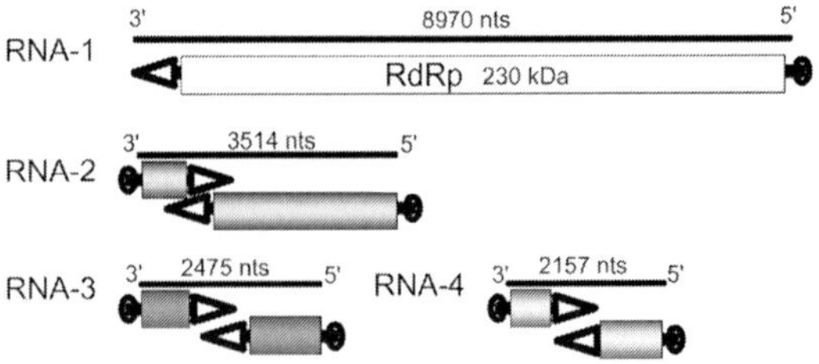

図 6.13 rice stripe virus（RSV）のゲノム構造

6.13 に示す．当属のウイルスの中でも rice grassy stunt virus（RGSV）はやや特殊で，すべてアンビセンス鎖の 6 分節の RNA をもつ．

c. 二本鎖 RNA ウイルス

二本鎖 RNA をゲノムにもつ植物ウイルスは，*Reoviridae*（レオウイルス科），*Partitiviridae*（パルティティウイルス科）の 2 つの科と，科への帰属が未定の *Endornavirus*（エンドルナウイルス属）において報告されている．

レオウイルス科においては，*Phytoreovirus*（ファイトレオウイルス属），*Fijivirus*（フィジウイルス属），*Oryzavirus*（オリザウイルス属）の 3 属において植物に感染するウイルスが報告されている．これらの属のウイルスは 10 から 12 の RNA のゲノムセグメントをもち，そのセグメントには電気泳動度の遅いものから番号がつけられている．コードされるタンパク質は主に，構造タンパク質，RNA の複製に関与するタンパク質，非構造タンパク質，機能不明のタンパク質の 4 つが知られている．宿主細胞への侵入後は，動物のレオウイルスと同様，粒子に内在する RNA ポリメラーゼによりマイナス鎖 RNA を鋳型にしてプラス鎖 RNA が合成され，ウイルスタンパク質が翻訳されると考えられる．

ファイトレオウイルス属のウイルスは 12 分節のゲノムセグメントをもつ．もっとも詳細に研究されている rice dwarf virus（RDV）のもつ 12 分節の RNA のゲノム構造を表 6.1 に示す．12 のセグメントのうち，10 本は単一の ORF をもち，11，12 番目のセグメントはそれぞれ 2 つ，3 つの遺伝子をコードしている．セグメント 2，3，8 には構造タンパク質がコードされており，とくにセグメント 2 にコードされる外殻を構成するタンパク質は昆虫媒介に必要である．

フィジウイルス属とオリザウイルス属のウイルスは，ともに 10 分節の二本鎖 RNA ゲノムをもつ．フィジウイルス属の 4 種のウイルスのゲノム構造を表 6.3

表 6.1 rice dwarf virus (RDV) のゲノム構造 (Hull, R. (2002): *Matthews' Plant Virology, 4th edn.* Academic Press. p.186 TABLE 6.4 を訳出)

ゲノムセグメント	塩基数(bp)	タンパク質の分子量(kDa)	機　能
1	4423	164.1	RNA ポリメラーゼ，内殻構造タンパク質
2	3512	123.0	構造タンパク質
3	3195	114.2	主要内殻構造タンパク質
4	2468	79.8	非構造タンパク質
5	2570	90.5	内殻構造タンパク質，NTP 結合能
6	1699	57.4	非構造タンパク質
7	1696	55.3	内殻構造タンパク質，核酸結合能
8	1427	46.5	主要外殻構造タンパク質
9	1305	38.9	非構造タンパク質
10	1321	39.2	非構造タンパク質
11	1067	20.0	非構造タンパク質
		20.7	不明
12	1066	33.9	非構造タンパク質
		10.6	リン酸化タンパク質
		9.6	不明

表 6.2 rice ragged stunt virus (RRSV) のゲノム構造 (Hull, R. (2002): *Matthews' Plant Virology, 4th edn.* Academic Press. p.186 TABLE 6.3 を訳出)

ゲノムセグメント	塩基数(bp)	タンパク質の分子量(kDa)	機　能
1	3849	137.0	外殻スパイクタンパク質
2	3810	118.0	内殻構造タンパク質
3	3669	130.0	主要内殻構造タンパク質
4	3823	145.0	RNA ポリメラーゼ
		36.9	不明
5	2682	90.0	NTP 結合能
6	2157	65.6	不明
7	1938	66.0	非構造タンパク質
8	1814	67.0	前駆体タンパク質
		25.6	タンパク質分解酵素
		41.7	主要外殻構造タンパク質
9	1132	38.6	昆虫媒介に関与するスパイクタンパク質
10	1162	32.3	非構造タンパク質

に，オリザウイルス属に属する rice ragged stunt virus (RRSV) のゲノム構造を表 6.2 に，それぞれ示す．

パルティティウイルス科においては，*Alphacryptovirus*（アルファクリプトウイルス属）と *Betacryptovirus*（ベータクリプトウイルス属）の 2 属のウイルスが植物に感染する．それぞれ，2 分節の二本鎖 RNA ゲノムの大きな分節に RdRp が，小さな RNA に外被タンパク質がコードされている．

表 6.3　フィジウイルス属の 4 ウイルスのゲノム構造（Hull, R.（2002）: *Matthews' Plant Virology, 4th edn.* Academic Press. p.186 TABLE 6.2 を訳出）

ゲノムセグメント	RBSDV 塩基数(bp)	RBSDV タンパク質の分子量(kDa)	RBSDV タンパク質の機能	MRDV 塩基数(bp)	MRDV タンパク質の分子量(kDa)	MRDV タンパク質の機能
1	ND	－	－	ND	－	－
2	ND	－	－	ND	－	－
3	ND	－	－	ND	－	－
4	ND	－	－	ND	－	－
5	ND	－	－	ND	－	－
6	ND	－	－	2193	41.0	Ns Tup
					36.3	U
7	2193	41.2	Ns/Tup	1936	68.1	?Core/NTP
		36.4	Ns			
8	1927	68.1	Core/?NTP	1900	40.0	?Ns/VP
					24.2	U
9	1900	39.9	Ns VP	ND	－	－
		24.2	Ns			
10	1801	63.3	Mos	1802	62.9	?Mos

ゲノムセグメント	OSDV 塩基数(bp)	OSDV タンパク質の分子量(kDa)	OSDV タンパク質の機能	NLRV 塩基数(bp)	NLRV タンパク質の分子量(kDa)	NLRV タンパク質の機能
1	ND	－	－	4391	165.9	Core/Pol
2	ND	－	－	3732	136.6	OsB
3	ND	－	－	3753	138.5	Mc
4	ND	－	－	3560	130.0	U
5	ND	－	－	3427	106.4	U
6	ND	－	－	2970	95.1	U
7	1944	42.0	?Ns/TuP	1994	73.5	Core/NTP
		30.0	U			
8	1874	66.2	?Mos	1802	62.4	Mos
9	1893	68.2	?Core/NTP	1640	33.0	Ns/VP
					23.6	Ns
10	1761	35.7	?Ns/VP	1430	49.4	Ns/?Tup
		22.7	U			

Core：内殻構造タンパク質，Mos：主要外殻構造タンパク質，Mc：主要内殻構造タンパク質，ND：未決定，Ns：非構造タンパク質，NTP：NTP 結合タンパク質，OsB：外殻スパイクタンパク質，Pol：RNA ポリメラーゼ，Tup：チューブ状構造形成タンパク質，U：機能不明，VP：ビロプラズムに存在するタンパク質，?：他のウイルス種との類似性から推測される機能

RBSDV：rice black streaked dwarf virus, MRDV：maize rough dwarf virus, OSDV：oat sterile dwarf virus, NLRV：nilaparvarta lugens reovirus

d. 二本鎖 DNA ウイルス

二本鎖DNA をゲノムとしてもつ植物ウイルスは，すべて *Caulimoviridae*（カリモウイルス科）に属する．ゲノムは 7.2～8.3 kbp の二本鎖環状 DNA である．それぞれの DNA 鎖は複製開始点と考えられる不連続部位（ギャップ）を含んでいる．ウイルスタンパク質はすべて片側の DNA 鎖上にコードされており，宿主の DNA 依存 RNA ポリメラーゼにより転写された後に翻訳される．

1）*Caulimoviridae*（カリモウイルス科）

カリモウイルス科に属する *Caulimovirus*（カリモウイルス属）のタイプ種である cauliflower mosaic virus（CaMV）は，通常片側の DNA 鎖（α 鎖）に 1 カ所，その相補鎖には 2 カ所のギャップをもち，それによって分断された 2 本の DNA 鎖が β，γ 鎖と呼ばれている．CaMV のもつ 7 つの ORF はそのすべてが α 鎖にコードされている（図 6.14）．ORF Ⅰから ORF Ⅳは ORF 間が非常に近接，もしくは非常に短いオーバーラップを含んで存在し，それ以外の ORF 間には非翻訳領域が存在する．ORF Ⅰ（37 kDa）は移行タンパク質（MP）をコードすると考えられており，tobacco mosaic virus（TMV）の 30 kDa MP と相同性を示す．ORF Ⅱ（19 kDa）および ORF Ⅲ（15 kDa）はアブラムシによる伝搬に関与する．また ORF Ⅲ産物は DNA 結合能をもつ．ORF Ⅳからは 57 kDa のタンパク質が翻訳されるが，プロセシングを受けて 42 kDa の外被タンパク質

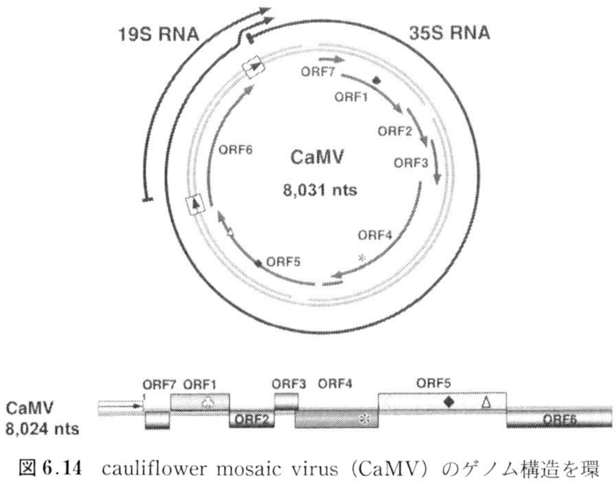

図 6.14　cauliflower mosaic virus（CaMV）のゲノム構造を環状（上）と直線状（下）で示した．四角で囲われた矢印はプロモーターの位置を示し，1 と示した番号は DNA の複製開始点を示す．（出典：図 6.2 に同じ）

になる．ORF V（80 kDa）は逆転写酵素をコードするが，逆転写酵素の保存配列のほかにアスパラギン酸プロテアーゼおよびRNaseHの保存配列も有する．ORF VI（58 kDa）は封入体の主要な構造タンパク質をコードしており，ほかのタンパク質発現のtrans-activatorとして働く．ORF VIIにコードされるタンパク質の機能は未知であり，感染に必須ではなく，ほかのカリモウイルスに認められない場合もある．

CaMV DNAからは2種類（35S，19S）のRNAが転写される．それぞれ強力なプロモーターである35 Sプロモーター，19Sプロモーターを含み，とくに前者は植物内で強力に機能するプロモーターとしてあまりにも有名である．ORF IからORF VならびにORF VIIは35S RNA，ORF VIは19S RNAから翻訳される．モノシストロニックなmRNAである19S RNAからはORF VI産物が翻訳されるが，35S RNAからはそれ単独ではタンパク質が翻訳されない．しかし，ORF VI産物の存在下では35S RNAからウイルスタンパク質が効率よく翻訳される．そのため，35S RNAはポリシストロニックなmRNAとして機能し，ORF VI産物はそのtrans-activator（TAV）であると考えられた．35S RNAからのポリシストロニックな翻訳は，リボソームが翻訳終了に35S RNAから解離する際に，近接の開始コドンを再び認識して翻訳を開始するリボソームの再認識（re-intiation）により行われると考えられている．TAVは宿主の翻訳開始因子eIF4B，eIF3に加えて60Sリボソームのサブユニットとの結合が示されており，re-initiationの実行因子であると考えられている．一方，ORF VIIはリボソームが鋳型を飛び越して移動するribosome shuntにより翻訳される．

e．一本鎖DNAウイルス

一本鎖DNAをゲノムとしてもつ植物ウイルスは，*Geminiviridae*（ジェミニウイルス科）と*Nanoviridae*（ナノウイルス科）の2つの科において報告されている．ジェミニウイルス科は4つの属から構成されている．このうち，*Mastrevirus*（マステレウイルス属），*Curtovirus*（クルトウイルス属），*Topocuvirus*（トポクウイルス属）に属するウイルスはすべて単一の環状一本鎖DNAゲノムをもつのに対し，*Begomovirus*（ベゴモウイルス属）の一部のウイルスは2つの環状一本鎖DNAをゲノムとしてもつ．環状一本鎖DNAのサイズはいずれも2.5 kbから3 kbである．ジェミニウイルス科のウイルスにおいては，長い非翻訳領域（large intergenic region；LIR）の約200塩基が非常によく保存され，共通配列と呼ばれている．この共通配列内には保存されたステムループ構造が見出され，この共通配列あるいはその近傍からゲノムDNAの両方向に転写が行われた後にタンパク質が翻訳される．一方，ナノウイルス科のウイルスは約1kbの短い一本鎖DNAを複数（おおむね6から8個）ゲノムとしてもつ．いずれも非翻訳領域にステムループ構造が保存されており，一方向に転写される．

1）*Begomovirus*（ベゴモウイルス属）

ベゴモウイルス属のウイルスには，2分節のゲノムからなるもの（図6.15上側）と単一のゲノムからなるもの（図6.15下側）とがあるが，前者が大部分を占める．タイプ種であるbean golden yellow mosaic virus（BGYMV）のゲノムは2分節であり，それぞれがDNA-A，DNA-Bと呼ばれる．DNA-AとDNA-Bには約200塩基の共通配列が存在し，この領域にはTAATATTACモチーフをもつヘアピンループが保存されている（CRA，CRB）．DNA-Aのプラス鎖には2つのタンパク質（AV1とAV2）がコードされる．AV1は外被タンパク質（CP）であるが，細胞間移行にも必要である．AV2は移行タンパク質（MP）である．DNA-Aのマイナス鎖には4つのタンパク質（AC1，AC2，AC3，AC4）がコードされる．AC1，AC2，AC3はゲノムDNAの複製に関わ

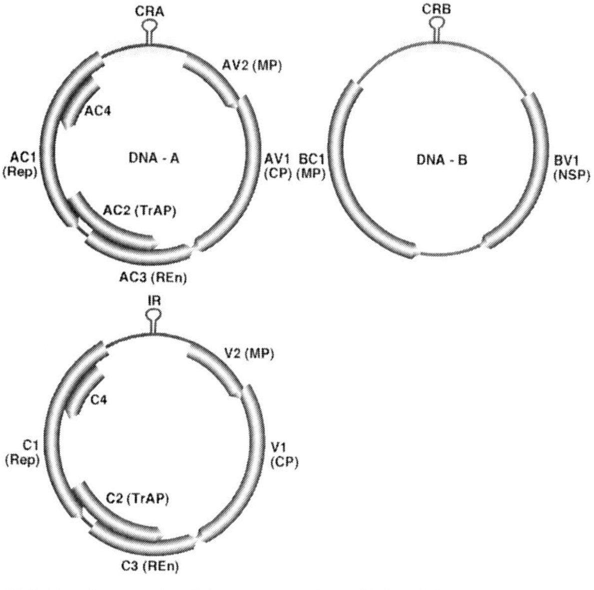

図6.15　*Begomovirus*属ウイルスのゲノム構成（出典：図6.2に同じ）

るタンパク質であり，それぞれ複製関連タンパク質遺伝子（Rep），複製促進タンパク質（REn），転写活性促進タンパク質（TrAP）である．TrAP は RNA サイレンシングのサプレッサーの機能ももつ．AC4 は機能未知のタンパク質である．DNA-B のプラス鎖とマイナス鎖にはそれぞれ 1 つずつのタンパク質（BV1 および BC1）がコードされる．BV1 は核シャトルタンパク質（NSP），BC1 も MP である．

f. サテライトウイルスとサテライト RNA

サテライトとは，自身の複製に必要な機能をもつタンパク質をコードしない，ウイルスに付随する小分子の核酸因子のことである．何種類かの植物ウイルスにも，親ウイルス（helper virus）のほかにサテライト RNA（satellite RNA）と称される因子が見出されている．サテライト RNA のなかで，自身の外被タンパク質をコードし，独自の外被タンパク質によって粒子の形態を取るものはサテライトウイルス（satellite virus）と呼ばれる．これらは自身で増殖する能力はもたないが，親ウイルスの RNA 複製機構を利用して増殖する．サテライトは親ウイルスのゲノム核酸と塩基配列上の相同性を示さず，親ウイルスの複製にはまったく必要がない．

ウイルスに対する寄生者的存在であるサテライトは，キュウリモザイクウイルス（CMV）の分離株でしばしば見出されるように，親ウイルスの増殖や病徴発現に影響を与える例が知られている．また，サテライト RNA と同様な性質をもつ RNA として DI RNA（defective interfering RNA）が知られるが，DI RNA は主として親ウイルスと塩基配列上の相同性を示す場合に用いられる（親ウイルスのゲノムの一部を欠失した変異体など）．

6.4　ウイルスのもつ遺伝子発現のストラテジー

真核生物の mRNA は基本的にはモノシストロニックであるのに対して，ウイルスはコンパクトなゲノム上に複数の遺伝子をコードしているため，それらを発現させるためにさまざまな戦略を取り入れている．以下にその発現戦略をまとめるが，実際には以下に示す戦略の複数を用いてウイルスタンパク質を発現している場合が多く見受けられる（表 6.4）．

表 6.4　植物のプラス一本鎖 RNA ウイルスの遺伝子発現ストラテジー（Hull, R.（2002）: *Matthews' Plant Virology, 4th edn*. Academic Press. p.277 TABLE 7.7 を訳出）

科	属	末端形状		遺伝子発現ストラテジー					
		5'	3'	分節ゲノム	サブゲノム	リードスルー	フレームシフト	ポリタンパク質の切断	その他
Bromoviridae	*Bromovirus*	Cap	t	3	1				
	Alfamovirus	Cap	c	3	1				
	Cucumovirus	Cap	t	3	1				
	Ilarvirus	Cap	c	3	1				
	Oleavirus	Cap	c	3	1				
Comoviridae	*Comovirus*	VPg	An	2				+	2-start
	Fabavirus	?VPg	An	2				+	
	Nepovirus	VPg	An	2				+	
Potyviridae	*Potyvirus*	VPg	An	1				+	
	Ipomovirus	?VPg	An	1				+	
	Macluravirus	?VPg	An	1				+	
	Rymovirus	?VPg	An	1				?+	
	Tritimovirus	?VPg	An	1				+	
	Bymovirus	?VPg	An	2				+	
Flexiviridae	*Potexvirus*	Cap	An	1	2				
	Mandarivirus	?Cap	An	1	?+				
	Allexivirus	?Cap	An	1	+				
	Carlavirus	?Cap	An	1	2				
	Foveavirus	Cap	An	1	+				
	Capillovirus	?Cap	An	1	2				
	Vitivirus	Cap	An	1	+				
	Trichovirus	Cap	An	1	2				
Tombusviridae	*Tombusvirus*		OH	1	2	+			
	Avenavirus		OH	1	1	+			
	Aureusvirus		OH	1	2	+			
	Carmovirus		OH	1	2	+			
	Dianthovirus	Cap	OH	2	1		−1		
	Machlomovirus	Cap	OH	1	+	+2			2-start
	Necrovirus		OH	1	2	+			
	Panicovirus		OH	1	1	+	−1		
Sequiviridae	*Sequivirus*	?VPg	An	1				+	
	Waikavirus	?VPg	An	1				+	
Closteroviridae	*Closterovirus*	?Cap	OH	1	7−10		+1	+	
	Ampelovirus	?Cap	OH	1	+		+1	?+	
	Crinivirus	?Cap	OH	2	+		+1	?+	
Luteoviridae	*Luteovirus*		OH	1	+	+	+		
	Polerovirus	VPg	OH	1	+	+	+		
	Enamovirus	VPg	OH	1	+	+	+		
Tymoviridae	*Tymovirus*	Cap	t	1	1			+	2-start
	Marafivirus	Cap		1	+			+	
	Maculavirus	Cap		1					
未設定	*Tobamovirus*	Cap	t	1	2	+			
	Tobravirus	Cap	OH	1	+	+			
	Hordeivirus	Cap	t	3	+				

Furovirus	Cap	t	2	+	+			
Pomovirus	Cap	t	3	+	+			
Pecluvirus	?Cap		2	+	+			
Benyvirus	Cap	An	4	+	+		+	2-start
Umbravirus		OH	1	+		+		
Sobemovirus	VPg		1	+		+CfMV	+	
Idaeovirus		OH	2	+				
Sadwavirus	?VPg	An	2				+	
Cheravirus	?VPg	An	2				+	

An＝ポリ A 配列；c＝ゲノム分節間で保存された 3′ 配列；Cap＝キャップ配列；OH＝ヒドロキシル化された 3′ 端；t＝tRNA 様配列； VPg＝ゲノム結合タンパク質；2-start＝同一 ORF に 2 つの開始コドン

a. ポリタンパク質（polyprotein）

ウイルスがコードする複数の機能タンパク質が，まず融合タンパク質（ポリタンパク質）として翻訳され，その後にプロテアーゼによる切断を受けてそれぞれの機能タンパク質が生ずる翻訳形式である．RNA ウイルスでのみ見出される．ウイルスがコードするプロテアーゼは認識配列の違いにより，セリンプロテアーゼ，システインプロテアーゼ，アスパラギン酸プロテアーゼ，メタロプロテアーゼがある．

b. サブゲノム（subgenome）

RNA ウイルスでのみ見出される発現手法で，ウイルスの複製時に，2 つ以上の ORF を含むゲノム RNA の途中から，1 つ以上の ORF を含む RNA（サブゲノム RNA）が RdRp により転写される．サブゲノム RNA を転写することによって，5′ 末端にもっとも近い ORF 以外の，下流に存在する ORF の発現が可能になる．サブゲノム RNA の転写はゲノム RNA のサブゲノミックプロモーターを RdRp が認識することにより行われる．一部のサブゲノム RNA は粒子化されることが明らかにされている．

c. 分節ゲノム（multipartite genome）

複数のゲノムをもち，それぞれにウイルスタンパク質をコードしている場合を分節ゲノムと呼ぶ．DNA ウイルス，RNA ウイルスの両方で見出される．多くの場合に分節ゲノムは異なる粒子に含まれる．

d. internal initiation

RNA ウイルスでのみ見出される発現手法で，ゲノム RNA 中に存在する

internal ribosome entry site（IRES）と呼ばれるRNA配列にリボソームや宿主翻訳関連因子が結合して，その下流のORFが発現する．2つ以上のORFを含むゲノムRNAにおいて，下流側のORFを発現する場合や，キャップをもたないRNAから効率よく発現させる場合などがある．

e. リーキースキャニング（leaky scanning）

ウイルスRNAの5′末端直近のAUGコドンを一部のリボソームが読み過ごすことにより，その下流のAUGコドンから発現する手法である．

f. AUG以外の開始コドンを介した発現

通常のAUGコドン以外のコドンを開始コドンとして発現する手法であり，DNAウイルス，RNAウイルスの両方で見出される．AUU，CUGなどが開始コドンとして用いられるが翻訳効率はAUGコドンよりも低い．

g. re-initiation

二本鎖DNAウイルスであるCaMVなどで見出される発現手法で，ウイルス由来のtransactivator（TAV）の存在下でポリシストロニックな35S RNAからウイルスタンパク質が発現する手法である．リボソームが翻訳終了時に35S RNAから解離する際に，近接の開始コドンを再び認識して翻訳を開始することにより行われると考えられている．TAVは宿主の翻訳開始因子eIF4B，eIF3に加えて60Sリボソームのサブユニットとの結合が示されており，re-initiationの実行因子であると考えられている．

h. ribosome shunt

二本鎖DNAウイルスであるCaMVなどで見出される発現手法で，リボソームが長い5′非翻訳領域を迂回して下流のORFを翻訳する手法である．5′末端からスキャニングしていたリボソームがdonor siteからacceptor siteに移動するが，これらの間の領域で巨大なヘアピン構造が形成される．

i. リードスルー（read through）

RNAウイルスで見出される発現手法であり，ORFの終始コドンが読み過ごされることにより，その下流のORFが融合タンパク質として発現される手法である．通常の翻訳終了時には終始コドンを宿主翻訳終結因子が認識してリボソームがRNAから離れるが，宿主由来のサプレッサーtRNAにより終始コドンがアミノ酸として翻訳される．

j. フレームシフト（frameshift）

RNAウイルスで見出される発現手法であり，ORFの途中でリボソームが別のフレームにスイッチすることにより，C末端の異なる2種類のタンパク質が発現する手法である．一般に，フレームシフトを起こしたタンパク質はもとのフレームのタンパク質よりも発現量が少ない．フレームシフト領域にはRNAシュードノット構造とスリップ配列が認められる．

k. スプライシング（splicing）

スプライシングは真核生物の遺伝子発現時に起こる転写後修飾であるが，二本鎖DNAウイルスと一本鎖DNAウイルスでも行われる．RNA転写後にRNA上のdonor site からacceptor site までの領域が切り出され，それが鋳型として翻訳される．

l. アンビセンスRNA（ambisense RNA）

同一のウイルスRNAのセンス鎖とアンチセンス鎖にそれぞれORFが存在し，発現する手法である．〔難 波 成 任〕

参 考 文 献

古澤　巌・難波成任・高橋　壮・高浪洋一・都丸敬一・土崎常男・吉川信幸（1996）：植物ウイルスの分子生物学―分子分類の世界―．学会出版センター，1-82，337-389 pp.

Hull, R. (2002): *Matthews' Plant Virology, 4th ed*. Academic Press, pp.13-42.

Fauquet, C. M., Mayo, M. A., Maniloff, J., Desselberger, U., and Ball, L. A. (2005): *Virus Taxonomy: Classification and Nomenclature of VIruses; Eighth Report of the International Committee On Taxonomy of Viruses*. Academic Press.

Martelli, G. P., Adams, M. J., Kreuze, J. F., and Dolja, V. V. (2007): Family Flexiviridae: a case study in virion and genome plasticity. *Annu. Rev. Phytopathol.* **45**. 73-100.

畑中正一（1997）：ウイルス学．朝倉書店．

日本植物病理学会（2004）：日本植物病名目録．日本植物防疫協会．

與良　清・斎藤康夫・土居養二・井上忠男・都丸敬一編（1983）：植物ウイルス事典．朝倉書店．

Kneller, E. L. P., Rakotondrafara, A. M., and Miller W. A. (2006): Cap-independent translation of plant viral RNAs. *Virus Res*. **119**: 63-75.

7. ウイロイド

7.1 病　　徴

ウイロイドは，さまざまな作物に大きな被害をもたらしてきた．ジャガイモやせいも病（potato spindle tuber disease）では，ジャガイモ塊茎が紡ぎ棒の様に細長く痩せて凸凹になる．*Coconut cadang-cadang viroid* はフィリッピンのココナッツを枯らしてしまう．ホップ矮化ウイロイド（*Hop stunt viroid*）はホップ矮化病（図7.1）やスモモ斑入り果病（図7.2）を起こす．ホップ矮化病では，ホップが矮化し，またアルファ酸含量が著しく低下してビール原料として品質の低下をもたらす．カンキツエクソコーティスウイロイドは，カンキツの樹皮の亀裂を起こす．また日本で問題になったリンゴのさび果もリンゴさび果ウイロイド

図7.1　ホップ矮化ウイロイドに感染して萎縮症状を呈するホップ（矢印）．草丈が両側の健全株に比べて矮化していることがわかる（佐野輝男氏提供）．

図7.2　スモモの斑入り果症状（左）
健全果に比べると小さく，黄色い斑入りが観察される（佐野輝男氏提供）．

(*Apple scar skin viroid*) が病原である．ウイロイドに感染した植物は，一般的に，温度が高く光が強い生育条件ほど病徴が顕著になる．

多くの作物で，ウイロイドは，葉の上偏成長（epinasty），縮葉（rugosity），退緑，壊疽や萎縮，果実の変色などウイルス病に似たさまざまな病徴を引き起こすので，その病原としてウイルスが疑われながら，見つからないでいた病気が多い．1971年にDienerはそれまでの一連の研究からジャガイモやせいも病は，低分子のRNA核酸が病原であると結論し，これをウイロイド（viroid）と命名した．日本では，ホップ矮化病の病原として，ホップ矮化ウイロイドがウイロイドとしてはじめて発見された．佐々木らは，ホップ矮化病ホップからウイルスを分離する目的で多数の草本植物に汁液接種を行う中で，ホップ矮化病に罹病した株の汁液を接種したときのみに，キュウリの品種四葉が萎縮することを見いだした．一般に果樹などの成長の遅い作物の病原に関しては，実験室で扱いやすく，また成長の早い草本植物に，その病原を感染させられると，研究が早く進展する．キュウリに感染した病原がウイロイドであることは以下のような実験で証明した．1）キュウリ感染汁液をRNA分解酵素で処理すると感染性を失うが，DNA分解酵素の影響は受けない．2）キュウリ感染汁液を，ウイルスが沈殿する条件で超遠心をかけても上澄みに活性が高い．3）フェノール抽出した後も活性が感染汁液に比べて落ちない．

7.2 構 造 と 分 類

ウイロイドは，おおよそ250〜400塩基の環状RNA分子で（表7.1，図7.3），ウイルスのように外被タンパクをもたないし，タンパクをコードしていない．

ウイロイドは大きく*Pospiviroidae*と*Avsunviroidae*の2科に分かれる．*Pospiviroidae*は，中央保存配列（central conserved region；CCR，図7.4）を

表7.1 ウイロイドの種類と大きさ

科	属	塩基数	代表的なウイロイド
Pospiviroidae	*Pospiviroid*	356〜375	*Potato spindle tuber viroid*
	Hostuviroid	295〜303	*Hop stunt viroid*
	Cocadviroid	246〜301	*Coconut cadang-cadang viroid*
	Apscaviroid	306〜369	*Apple scar skin viroid*
	Coleviroid	248〜361	*Coleus blumei viroid 1*
Avsunviroidae	*Avsunviroid*	246〜250	*Avocado sunblotch viroid*
	Pelamoviroid	337〜399	*Peach latent mosaic viroid*

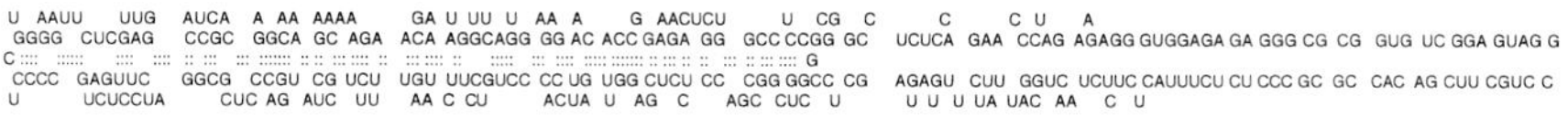

図 7.3　ホップ矮化ウイロイドの塩基配列と予測される 2 次構造（佐野輝男氏提供）

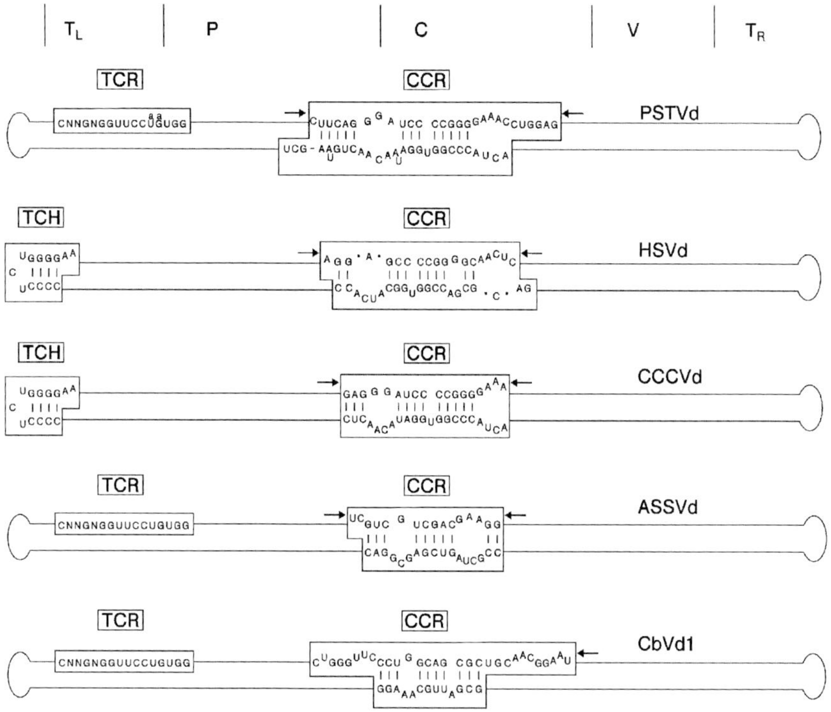

図 7.4　*Pospiviroidae* 科のウイロイドの分類
構造の特徴は，C（central），P（pathogenic），V（variable），TL（terminal left），TR（terminal right）の領域にわけられる．中央保存配列（central conserved region, CCR），および terminal conserved region（TCR）と terminal conserved hairpin（TCH）
Seminars in VIROLOGY 8，65-73（1997）（Academic press）より転載

もつのに対して，*Avsunviroidae* はこれを欠いて，かわりにハンマーヘッドリボザイム（hammerhead ribozyme）と呼ばれる高次構造をもち，これによって特定の部位で自己切断する．ウイロイドの複製の過程で環状の＋鎖と－鎖が鋳型となって，ローリングサークルモデルで多量体の子孫 RNA ができるが，*Avsunviroidae* のウイロイドはハンマーヘッド構造の部位で自己切断して一量体が生成し，*Pospiviroidae* では，この構造がないためにおそらく宿主の因子によっ

て一量体を形成すると考えられている（Flores *et al.*, 1997）．

Pospiviroidae はCCRの属特異配列に加えて，terminal conserved region（TCR）と terminal conserved hairpin（TCH）（図7.4）の有無によって属の分類がなされる．*Avsunviroidae* では，*Avsundiroid* 属に *Avocado sunblotch viroid* 1種しかなく，*Pelaoviroido* 属には *Chrysanthemum chlorotic mottle viroid* と *Peach latent mosaic viroid* の2種がある．いずれも塩基配列の相同性や，宿主範囲などの生物学的性質で種が分けられている．

7.3 検出と診断

ウイロイドは生物検定で検出できる．*Potato spindle tuber viroid* では，トマト品種 rutgers が，カンキツエキソコーティスウイロイドではビロードサンシチ（*Gynura aurantiaca*）が用いられる．ホップ矮化ウイロイドでは，キュウリ品種四葉が用いられ，感染すると葉は小さく奇形して，茎の節間がつまり著しい萎縮症状を呈する．ウイロイドの検出方法として生物検定は感度が高いが，弱毒株で病徴が出にくく感染を見逃すこともある．

ウイロイドはRNAの病原体なので，核酸を検出する方法が応用できる．もし検出するウイロイドの配列がわかっていればRT-PCRがもっとも有効な方法であり，未知のウイロイド核酸を検出するのであれば，感染植物からウイロイド核酸を抽出してポリアクリルアミド電気泳動することで検出可能である．また類似した配列をもつウイロイドを広く検出したいのであれば，ドットブロットハイブリダイゼーション法が使える．

a. ポリアクリルアミド電気泳動

全核酸から低分子RNAを分画した後，ポリアクリルアミドゲル電気泳動すると，tRNAや7SRNAより遅い異動度でウイロイド感染植物に特異なウイロイドバンドが検出できる（Uyeda *et al.*, 1984）．植物組織から全核酸を抽出すると多糖類が多く混入して，電気泳動に供試するほどに濃縮できなかったり，電気泳動を乱したりする．このため，多糖類と核酸を分画する抽出操作を加える必要がある（Nakahara *et al.*, 1998）．検出方法として感度は低く，また操作が煩雑なので，既知ウイロイドの大量検出には不適だが，未知のウイロイドをはじめて検出するためには必ず行う方法である．

b. ドットブロットハイブリダイゼーション

ポリアクリルアミドゲル電気泳動より，検出感度は100倍以上高い（Li *et al*., 1995）．プローブはcDNAよりDNAまたはRNAを転写して作成するが，RNAプローブの方が感度はよい．

c. RT-PCR

抽出低分子核酸，あるいは全核酸から，逆転写反応でcDNAを合成し，これにウイロイドの共通保存配列や目的ウイロイド特異配列をプライマーとしてPCRを行う．PCR産物はアガロース電気泳動でDNAバンドとして検出する．検出感度が飛躍的に高いことや，1回のPCR反応で同時に複数のウイロイドやウイルスを検出することが可能なので（Ito *et al*., 2002），ウイロイドの検出と診断に非常に優れた方法である．〔上田一郎〕

参考文献

R. Flores, F. Di Serio and C. Hernandez (1997): Viroids: The noncoding genomes. *Seminars in Virology* 8: 65-73.

I. Uyeda, T. Sano and E. Shikata (1984): Purification of cucumber pale fruit viroid. *Ann. Phytopathol. Soc. Jpn*. **50**, 331-338.

K. Nakahara, T. Hataya, I. Uyeda and H. Ieki (1998): An improved procedure for extracting nucleic acids from citrus tussues fro diagnosis of citrus viroids. *Ann. Phytpath. Soc. Jpn*. **64**, 532-538.

S-F Li, S. Onodera, T. Sano, K. Yoshida, G-P Wang and E. Shikata (1995): Gene diagnosis of viroids: comparions of return-PAGE and hybridization using DIG-labeled DNA and RNA probes for practical diagnosis of hop stunt, citrus exocortis and apple scar skin viroids in their natural host plants. *Ann. Phytopathol. Soc. Jpn*. **61**, 381-390.

T. Ito, H. Ieki and K. Ozaki (2002): Simultaneous detection of six citrus viroids and Apple stem grooving virus from citrus plants by multiplex reverse transcription polymerase reaction. *J. Virol. Methods*. **106**, 235-239.

8. ウイルスの複製

植物ウイルスの感染は，ウイルス粒子が傷や虫の吸汁により偶然に取り込まれた細胞でウイルスゲノムが複製され，子孫ウイルスが増殖することから始まる．したがって，ウイルスの複製機構を明らかにすることはウイルス学の最重要課題の一つである．ウイルスの複製様式はゲノム核酸の種類と性状の違いにより多様である．しかし，すべてのウイルスは複製に必要な情報をゲノム RNA あるいは DNA にコードしている．その情報はタンパク質であり，また，核酸配列そのものが情報である．ウイルスはこれらの情報を利用し，宿主のさまざまな細胞装置を改変，活用して，複製，増殖する．本章では，まず，ウイルス複製研究に用いられる実験系を簡単に説明する．次に，1 細胞でのウイルス感染プロセスを概観した後，ウイルス粒子に含まれる核酸ゲノムの種類と性状，さらに mRNA を中心にした遺伝情報の流れに基づき植物ウイルスを大きく 5 つのクラスに分け，それぞれのクラスに含まれるウイルスについて複製機構を解説する．とくに，植物ウイルスの大多数を占め，複製機構研究のもっとも進んでいる一本鎖プラス鎖 RNA をゲノムとしてもつウイルスの複製については詳しく述べる．

8.1 ウイルス複製研究の実験系

植物ウイルス増殖機構の研究にはいくつかの実験系が利用される．植物体そのものを用いる系，植物の葉や培養細胞から調整したプロトプラストを用いる系，細胞を破壊して無細胞抽出液を用いる系などである．また，植物ウイルスの本来の宿主ではないが複製が可能なウイルスではイースト系が用いられる．

a. 植物体を用いる系

ウイルスの生物活性を調べるもっとも基本的な系である．接種した葉とその後展開する上位葉でのウイルス量，および病徴発現を解析し，増殖能，移行能を含めたウイルスの感染能力を全体的に判定できる．ただし，1 次感染細胞で増殖したウイルスは隣接細胞に移行し，複製過程を繰り返すため複製プロセスはシンクロナイズされていない．

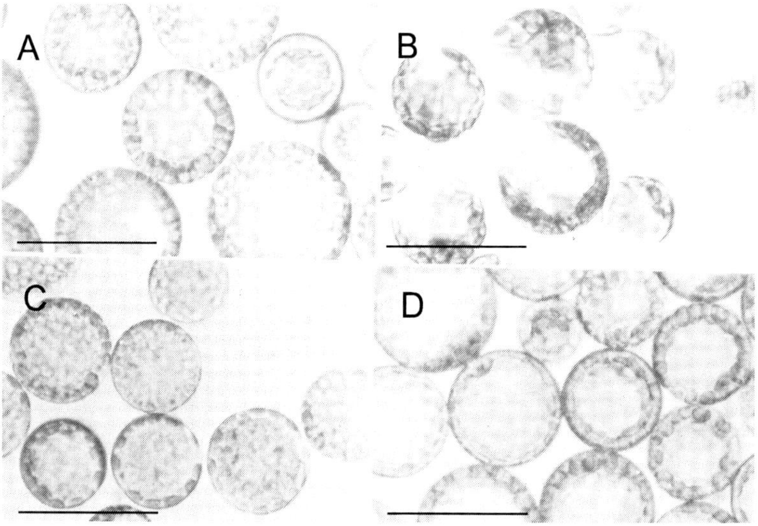

図 8.1　A：カラスムギ，B：オオムギ，C：トウモロコシ，D：コムギのプロトプラスト．
スケールバー：50 μm.

プラスセンス RNA をゲノムとしてもつウイルスでは，ゲノム RNA の cDNA を組み込んだプラスミドをアグロバクテリウムを介して植物葉に注入して，ウイルス RNA を効率よく，かつ多くの細胞で発現させることができる．

b. プロトプラスト系

プロトプラストは植物葉や培養細胞をセルラーゼやペクチナーゼなどの細胞壁分解酵素で細胞壁を除去して調製することができる（図 8.1）．プロトプラストにウイルス粒子やゲノム核酸を感染させる接種法としては物理的手法と化学的手法がある．前者は電気刺激を介したエレクトロポーレーション法，後者はポリエチレングリコール（PEG），あるいはポリオルニチンやポリイミンなどのポリカチオンを介した手法である．プロトプラスト系は複製プロセスがシンクロナイズされた一段増殖系で，時間経過を追って複製プロセスを詳細に調べることができる．

c. イースト系

brome mosaic virus（BMV）や tomato bushy stunt virus（TBSV）は，イースト（酵母；*Saccharomyces cervisea*）でウイルスの複製成分タンパク質をプ

ラスミドベクターから発現させるとウイルスRNAが植物細胞と類似した様式で複製される．イーストは全ゲノムが明らかにされており，また，多くの変異体が利用できるため，植物ウイルスの複製に関わる宿主因子の同定とそれらの複製における役割解明のための重要な実験系である．

d. *In vitro* 無細胞系

翻訳と複製，あるいはその両方を同時に調べることができる系である．

1）部分純化酵素

RNAウイルスの場合，ウイルス感染葉，あるいはプロトプラストを破砕し，分画遠心分離を行うと細胞膜画分でウイルス感染特異的で強いRNA合成活性が認められる．この細胞内膜画分をさまざまな界面活性剤で可溶化し，イオン交換カラムなどによる精製を行うと，鋳型依存性，および鋳型特異性活性をもつ複製酵素画分が得られる．本酵素画分では，添加したウイルスRNAを鋳型にして効率よくマイナス鎖合成が起こるため，とくに，RNA合成開始，伸長機構の解析によく用いられる．トムブスウイルスではウイルスのマイナス鎖を鋳型にしてプラス鎖の合成も可能な酵素画分が得られている．

2）細胞抽出液

液胞を除去したBY2培養細胞プロトプラストの細胞抽出液（BYL）にウイルスゲノムRNAを添加すると，ウイルスタンパク質の翻訳とRNA複製が起こる(Komoda *et al.*, 2004)．本系は翻訳からRNA複製までを一貫して行わせることも可能であるため，翻訳機構と複製機構を同時に解析することができる．さらに，本系は，キャップ構造依存性翻訳と非依存性翻訳を非常に正確に反映させることが容易である．一方，市販されているコムギ胚芽系やウサギ網状赤血球系などの *in vitro* 翻訳キットではウイルスタンパク質は翻訳されるがRNA合成活性は報告されていない．また，これらの市販細胞抽出液系ではキャップ構造をもたないmRNAも比較的効率よく翻訳される場合があり，キャップ構造をもたないウイルスのタンパク質翻訳機構を正確に解析するためには条件設定を慎重に行う必要がある．このことからもBYLはウイルス複製の翻訳機構と複製機構解析のための非常に有効な系であることがわかる．

8.2 感染プロセス

a. 細胞への侵入と脱外被

ウイルスは自然に生じた傷口から，あるいは昆虫による吸汁行為などで細胞内に取り込まれる．その機構の詳細は明らかでないが，プロトプラストにウイルス粒子を接種し，時間を追って電子顕微鏡で観察すると，接種直後から細胞膜陥入部位とその結果生じたと思われる細胞内小胞にウイルス粒子が観察される（図8.2）．植物ウイルスも動物ウイルスと同様のエンドサイトシスあるいはピノサイトシスと呼ばれる機構で細胞内に取り込まれると考えられるが，動物ウイルスで見られるような細胞とウイルス間の特異性は存在しないようである．

細胞内に取り込まれたウイルス粒子は，不安定な状態になる．すなわち，粒子

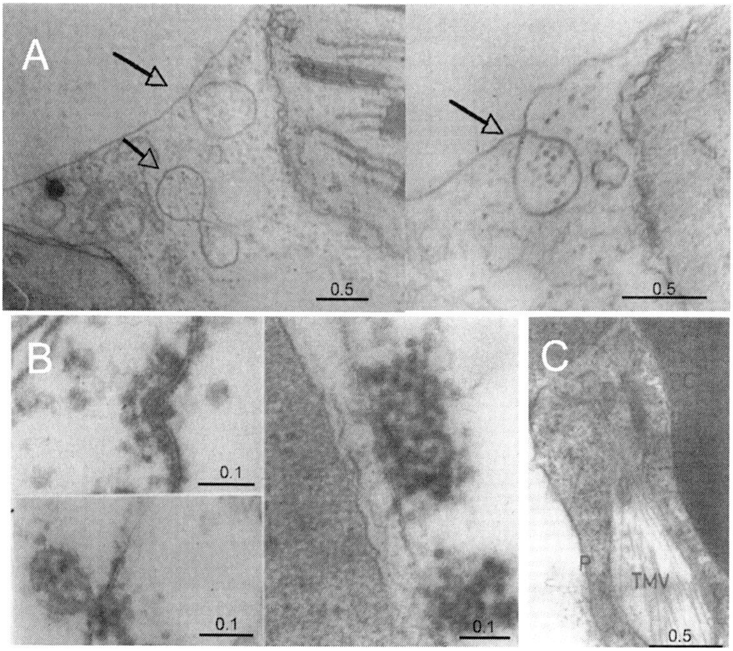

図8.2 ウイルス粒子接種プロトプラストの電子顕微鏡写真
A．BMV 接種10分後のオオムギプロトプラスト．ウイルス様粒子を含む細胞膜陥入構造（矢印）が見られる．B．細胞膜陥入構造に含まれるBMV様粒子とプロトプラストに付着したウイルス様粒子はともにBMV特異抗体で染色される．C．TMV粒子接種直後のタバコプロトプラスト．スケールバー：μm．A：Okuno and Furusawa, *J. Gen. Virol*. **41**, 63-75 (1978)；C：Otsuki *et al*., *Virology* **499**, 188-194 (1972).

からゲノム核酸が放出される過程で，この過程を脱外被（uncoating）と呼ぶ．TMV の場合，ゲノム RNA の 5′ 末端側で外被タンパク質が部分的に解離し，露出した 5′ 末端に翻訳因子とリボソームがアクセスすることで，翻訳と平行して脱外被が起こると考えられている．この機構は co-translational uncoating と呼ばれる．BMV や cowpea chlorotic mottle virus（CCMV）などの球形ウイルスの脱外被には pH に依存した粒子の膨潤化あるいは構造変化が関わると考えられている．

b. mRNA と翻訳

ウイルスはゲノム RNA の複製に必要なタンパク質を最初に作る必要がある．プラスセンス RNA（8.3 参照）をゲノムとしてもつ RNA ウイルスでは，粒子から放出された RNA が直接ウイルスタンパク質翻訳の鋳型（mRNA）として働く．ただし，プラスセンス RNA ウイルスにおいても，複製酵素成分タンパク質以外のタンパク質はしばしばゲノムから転写される mRNA（サブゲノム RNA）から翻訳される．一方，DNA ウイルスや二本鎖 RNA あるいはマイナスセンス RNA をゲノムとしてもつウイルスでは，ウイルスタンパク質はすべてゲノムから転写された mRNA から翻訳される．多くの DNA ウイルスは宿主の DNA 依存 RNA 合成酵素を mRNA の転写に利用することができる．一方，植物には RNA を鋳型にしてタンパク質をコードするような長い RNA を転写できる RNA 依存 RNA 合成酵素（RdRP）は存在しないため，二本鎖 RNA やマイナスセンス RNA をゲノムとしてもつウイルスは粒子中に RdRP をもっており，その RdRP を用いて自らの mRNA を合成する．これらのウイルスにとっては粒子に RdRP をもつことがその後の RNA 複製とウイルス増殖にとっては不可欠である．

キャップ構造と poly(A)配列をもつウイルス RNA は，宿主 mRNA と同様の翻訳機構によりタンパク質を合成すると考えられる．しかし，キャップ構造と poly(A)配列両方をもつ RNA ウイルスはむしろまれである．キャップ構造をもたないウイルスゲノム RNA の 5′ 末端には，しばしば VPg と呼ばれる小さなタンパク質が共有結合しており，翻訳で重要な役割を果たす．また，キャップ構造と VPg いずれももたないウイルスゲノム RNA では 3′ 非翻訳領域に翻訳因子とリボソームをリクルートするための塩基配列と RNA 構造が存在する．

8.3 ゲノム核酸成分と性状によるウイルス分類と複製機構

RNA 依存 DNA 合成酵素の発見者の一人であるノーベル賞学者 Baltimore 博士は核酸の種類（RNA あるいは DNA）と性状（一本鎖あるいは二本鎖）さらに一本鎖 RNA の場合はその極性（mRNA センスをプラスセンス（+）と呼び，その相補鎖をマイナスセンス（−）と呼ぶ）に基づいて動物ウイルスを分類した．すべての細胞で共通項となる mRNA 機能を重視した遺伝子発現の流れによる明快な分類理論である．植物ウイルスを含めたものを図 8.3 に示す．ここでは Baltimore の分類に準じて植物ウイルスを 5 つのクラスに分け，複製機構を概説する．クラスⅠとクラスⅥのウイルスはいまだ植物では報告されていない．

a. 一本鎖プラスセンス RNA ウイルス；(+) RNA（クラスⅣ）

（+）RNA ⇒（±）RNA ⇒（+）RNA　（±は二本鎖）

（+）鎖 RNA をゲノムとしてもつウイルスの RNA 複製の基本プロセスは，大きく 2 つからなる．1）RNA 複製酵素がゲノム RNA である（+）鎖 RNA を鋳型としてその相補鎖である（−）鎖 RNA が合成される過程，2）合成され

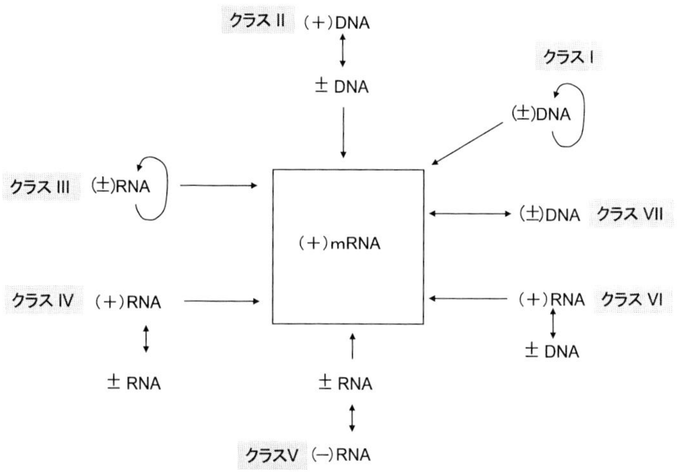

図 8.3　ゲノム核酸の種類と性状および mRNA 機能を重視したウイルスの分類（Baltimore, D. (1971): The expression of animal virus genomes. *Bacteriol. Rev.* **35**, 235-241 を改変）
注）クラスⅡにおける（+）は一本鎖 DNA を意味し、極性を表すものではない．

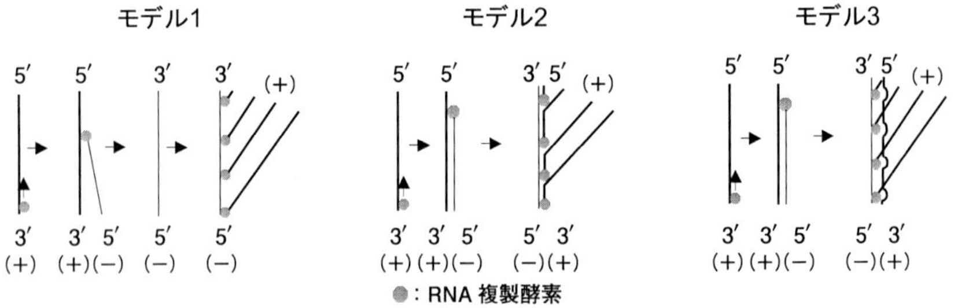

図 8.4　RNA 複製のモデル（Buck, K. W. (1996): Comparison of the replication of positive-stranded RNA viruses of plants and animals. *Adv. Virus Res.* **47**, 159-251 を改変）

た（−）鎖 RNA を鋳型にしてゲノム RNA である（+）鎖 RNA が合成される過程である．通常，（+）鎖 RNA の合成量は（−）鎖 RNA の合成量よりはるかに多い．プラスセンス RNA ウイルスが感染した細胞内には，一本鎖 RNA 以外に二本鎖の RNA（複製型 RNA；replicative form（RF））および一本鎖 RNA と二本鎖 RNA 両方の性質を兼ね備えた RNA（複製中間体；replicative intermediate（RI））が検出される（図 8.4 参照）．

1）RNA 複製の基本モデル

考えられる 3 つの基本複製モデルを図 8.4 に示す．モデル 1 では，RNA 複製酵素は（+）鎖ゲノム RNA の 3′ 末端領域のプロモーターを認識して結合し，相補鎖の（−）鎖合成を開始する．新たに合成された（−）鎖 RNA は複製酵素が結合している領域でのみで鋳型（+）鎖 RNA と塩基対を形成して接している．合成された完全長の（−）鎖 RNA はフリーの一本鎖 RNA として鋳型から遊離する．次に，RNA 複製酵素は合成されたフリーの（−）鎖 RNA の 3′ 末端領域のプロモーターを認識し，その RNA を鋳型として（−）鎖 RNA 合成のときと同様に新たな（+）鎖 RNA を合成する．このモデルでは RI のほとんどの領域が一本鎖 RNA の状態であり，実質的な RF は存在しない．

モデル 2 では，モデル 1 と初期ステージは同じであるが，新たに合成された（−）鎖 RNA は塩基対を形成して鋳型（+）鎖 RNA にとどまる．（−）鎖 RNA 合成中は部分的な一本鎖 RNA と二本鎖の領域ができるが，最終的に二本鎖の RF になる．複製酵素は二本鎖 RF の末端領域（（−）鎖 RNA 3′ 末端と（+）鎖 RNA の 5′ 末端を含む）を認識し，（−）鎖 RNA を鋳型にして，（+）鎖 RNA 合成を開始する．合成は順次既存の配列と置き換わる様式で行われ，合成された 5′ テールをもつ一本鎖状態の（+）鎖 RNA を含む大部分が二本鎖であるRIができる．このモデルでは最初に遊離される（＋）鎖RNAは，オリジナルの鋳型（＋）鎖RNAということになる．また，このモデルではフリーの（－）鎖RNAは存在しない．

モデル3では，二本鎖RFからの（＋）鎖RNA合成において新たに合成された配列が既存の鎖と置き換わるのではなく，RNA合成が起こっている領域のみで新たな鎖はRFと繋がっている．すなわち，オリジナルのRFは合成中維持される．

RFは核酸抽出時において生じる人工的産物である可能性がある．また，RFは感染細胞で（＋）鎖と（－）鎖RNAが単にアニールした機能をもたない複製の最終産物である可能性もあり，RFが感染細胞でのRNA合成で実際にどのような機能をもっているかについてはいまだに明らかにされていないのが現状である．

しかし，TMV感染細胞から内在性の鋳型を含むRNA複製複合体を用いて，ラベル塩基存在下でRNA合成反応を行うと，ラベル塩基はRFの（＋）鎖RNAに取り込まれる．この結果は，TMV RNA複製がモデル1あるいはモデル2で行われている可能性を支持する．

QβファージのRNA複製酵素は一本鎖（＋）鎖RNAと（－）鎖RNAいずれを用いても子孫RNAを完全に複製させることができる．しかし，二本鎖RNAを鋳型に用いた場合は，複製が起こらない．このことは，QβファージのRNA複製はモデル1で説明できると考えられている．

植物RNAを含む真核生物（＋）鎖RNAウイルスのゲノム末端構造は多様であり，（－）鎖合成から（＋）鎖合成へのスイッチング機構などRNA複製機構には未解決の問題点が数多く残されている．しかし，後述するようにTBSVではプラス鎖RNAの優先的な合成に関わる宿主因子とウイルスRNA因子が同定されている．

2）RNA複製酵素（RNA replicase）

RNA複製酵素は，ウイルスにコードされている複製酵素成分タンパク質と宿主に由来する宿主因子と呼ばれるタンパク質から構成される．

i）ウイルスがコードするタンパク質　多くのウイルスがコードするRNA複製酵素成分タンパク質には，RdRPドメイン，ヘリカーゼ（HEL）ドメイン，メチルトランスフェラーゼ（MT）ドメインが存在する．ゲノムRNAにキャップ構造をもたないトムブスウイルス科のウイルスなどの複製酵素タンパク質には

MT ドメインと真核生物の HEL ドメインが存在しない．

複製酵素タンパク質の MT ドメイン，HEL ドメイン，および RdRP ドメインが 1 つの RNA にコードされている場合，一般にこれらのドメインは N 末端から C 末端に向けて MT-HEL-RdRP ドメインの順に存在する．ブロモウイルス科やトバモウイルス属のウイルスでは MT ドメイン-HEL ドメインと RdRP ドメインは別々の ORF にコードされている．ただし，トバモウイルス属では RdRP ドメインをもつタンパク質は MT ドメイン-HEL ドメインをもつタンパク質の融合タンパク質としてリードスルー機構により翻訳される．RdRP ドメインを融合タンパク質としての発現するウイルスは，トムブスウイルス科のウイルスでも見られる．ただし，ダイアンソウイルスではリードスルーではなくフレームシフト機構が用いられる．リードスルーやフレームシフトの効率は 20 分の 1 あるいはそれ以下である．これらの機構は，RNA 合成の実行酵素である RdRP ドメインをもつタンパク質と RNA 合成の場を作るそれ以外のタンパク質の量比をコントロールするための機構として重要であるのかもしれない．

ア）RdRP　RdRP は RNA を鋳型として RNA 合成を触媒する酵素で，RNA 複製で中心的な役割を担う．RdRP には Gly-Asp-Asp（GDD）モチーフが保存アミノ酸配列として存在する．最初の Gly はほかのアミノ酸に置換することが可能なウイルスもあるが，いずれの Asp の変異もしばしば酵素活性に致命的な影響を与える．通常，RdRP は，RNA 複製に関わるほかのウイルスコードタンパク質や宿主因子とともに膜に局在し，可溶化するとしばしば安定性を失う．

イ）HEL　HEL は二本鎖 RNA の塩基対，および一本鎖 RNA 分子内に形成される高次構造を解きほぐし，RNA 複製酵素による RNA 合成の進行で重要な働きをすると考えられる．

ウ）MT　MT ドメインはゲノム RNA の 5′ 末端にキャップ構造をもつウイルスがコードする機能ドメインである．MT は S-アデノシルメチオニンをメチル基のドナーとして用いて GTP のグアニンの 7 位をメチル化する．TMV の 126 kDa タンパク質や BMV の RNA1 にコードされる 1a タンパク質で MT 活性が報告されている．

ii）宿 主 因 子

完全な RNA 複製酵素は，ウイルスのコードする RNA 複製酵素成分タンパク質と宿主因子タンパク質からなると考えられる．ウイルス感染細胞（オオムギとトマト）から純化・精製された複製酵素画分のタンパク質解析から，真核生物の翻訳開始因子 eIF3 のサブユニットであるコムギの p41 やイースト GCD10 のホモローグがそれぞれ BMV と TMV の複製に必要な宿主因子として報告されている．翻訳伸長因子の eEF1A が TYMV の感染細胞（カブ）の複製酵素画分に存在する．また，eEF1A は TYMV と TMV のゲノム RNA の 3′ 非翻訳領域 (UTR) に結合する．

TMV に抵抗性を示すシロイヌナズナの突然変異株を用いたポジショナルクローニングによる遺伝学的解析から，TMV の複製に関わる *TOM1*，*TOM2A* および *TOM3* の 3 つの遺伝子が単離された．それらの遺伝子がコードするタンパク質はいずれも膜貫通ドメインをもつ膜タンパク質で，ホモローグの関係にある TOM1 と TOM3 タンパク質は TMV RNA 複製酵素の HEL ドメインと特異的に結合する．また，これらのタンパク質は TOM2A タンパク質とも特異的に結合する．おそらく TOM1 と TOM3 タンパク質は TMV RNA 複製酵素を膜上に繋ぎ止めるアンカーリング因子として RNA 複製複合体の形成に直接関与していると考えられる．一方，TOM2A タンパク質は TOM1 あるいは TOM3 タンパク質との相互作用を介して RNA 複製複合体形成に関与していると考えられる．

一方，イーストの変異体を用いた研究から，BMV や TBSV では実際にはこれまでに予想されてきたよりはるかに多くの宿主タンパク質がウイルス RNA 複製に関わると考えられている．たとえば，4848 株の単一遺伝子欠損イーストライブラリーを用いた解析から，16 の遺伝子が TBSV RNA の組換えに関与し，Ssa1p（Hsp 70 のイーストオルソローグ）や Tdh2/3p（グリセルアルデヒド 3 リン酸脱水素酵素（GAPDH）のイーストオルソローグ）が TBSV の RNA 複製酵素複合体に存在することがわかった．GAPDH は DNA 合成と修復，RNA 輸送，膜融合，アポトーシスなどでさまざまな役割をもつタンパク質であり，C 型肝炎ウイルス（HCV）やパラインフルエンザイルスなど多くのウイルスのゲノム RNA に結合し，HCV のタンパク質発現制御に関わることが知られている．また，GAPDH のノックダウン細胞では HCV 増殖が抑制される．

興味深いことに，イーストや植物細胞（*Nicotiana benthamiana*）で RNAi により Tdh2/3p（GAPDH）の発現をノックダウンすると，TBSV の（+）鎖 RNA 合成が特異的に阻害される．*in vitro* の実験から，Tdh2/3p（GAPDH）は TBSV ゲノムに相補的（−）鎖 RNA の 3′ 末端の AU-rich 領域に結合する．また，この AU-rich 領域を欠失した（−）鎖 RNA，あるいは反応液から

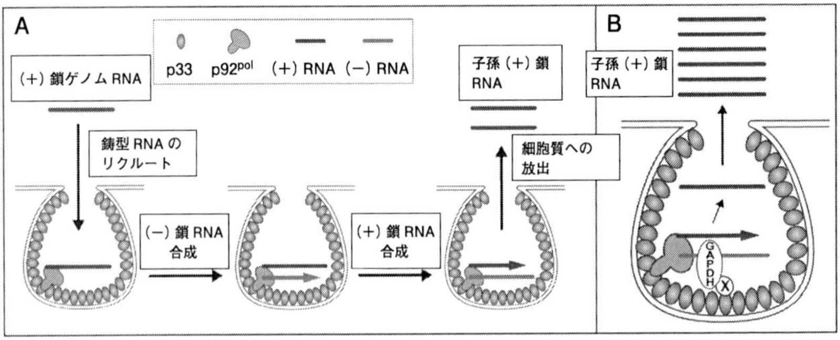

図 8.5　TBSV の RNA 複製モデル
(A) TBSV はペルオキソーム膜を利用して RNA 複製を行う．p33 と p92 はウイルスがコードする複製酵素タンパク質．(B) 宿主タンパク質 GAPDH は (−) 鎖 RNA と結合して (+) 鎖 RNA の優先的な合成に関わる．出典：Wang and Nagy (2008): *Cell Host & Microbe* 3, 178-187.

GAPDH を除去すると，(+) 鎖 RNA の優先的な合成はなくなり，合成される (+) 鎖：(−) 鎖の比率は 20：1 から 1：1 になった．これらの結果は，GAPDH が RNA 複製複合体において TBSV の (−) 鎖 RNA の 3′ 末端の AU-rich 領域に結合し，(+) 鎖 RNA が優先的に合成されるように調整していることを示唆している (図 8.5 参照)．

3) 複製のシス因子

i) RNA 因子　多くの植物ウイルスの RNA 複製酵素は自らのゲノム RNA を鋳型にして RNA を合成できるが，宿主の RNA やほかのウイルス RNA を鋳型にはできない．すなわち，RNA 複製酵素とゲノム RNA の間には特異性が認められる．とくに (−) 鎖 RNA 合成の基点となるゲノム RNA の 3′ 末端領域は，RNA 複製酵素が特異的にゲノム RNA を認識して結合するために重要な領域の一つである．

一方，5′ 末端領域は，先に述べたように (+) 鎖 RNA 合成の鋳型となる (−) 鎖 RNA の 3′ 末端プロモーターを含む．また，タンパク質をコードする領域の塩基配列も RNA 複製で重要な役割を果たすことがいくつかの植物ウイルスで明らかになってきた．red clover necrotic mosaic virus (RCNMV) の RNA2 の MP ORF 領域に存在するステムループ構造とそのループ配列は，3′ 末端領域とともに自らの (−) 鎖 RNA 合成に必須である．また，TBSV の MP ORF 領域も，TBSV ゲノム RNA の複製に必須である．RNA 複製に必要なこれらの RNA 因子は複製のシス因子と呼ばれる．

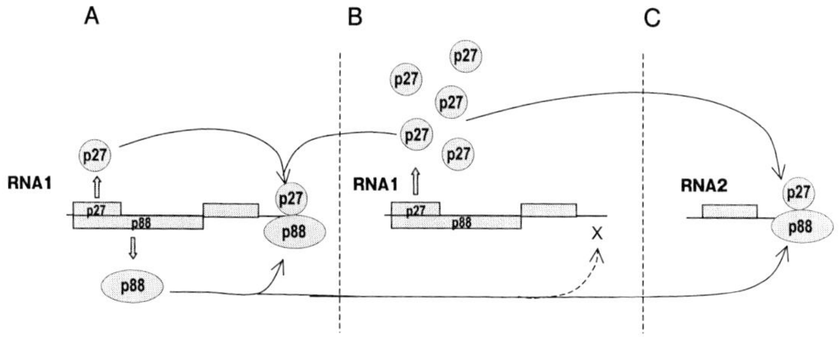

図 8.6　RCNMV の *cis*-preferential 複製のモデル
(A)−1 フレームシフトにより翻訳された RNA 複製酵素成分 p88 は，自らが翻訳されてきた RNA1 にのみ優先的にシスに作用し，p27 存在下で RNA 合成が起こる．(B) p88 は自らが翻訳された RNA 以外の RNA1 にトランスに作用できない．(C) RNA1 から翻訳された p88 は RNA2 にはトランスに作用し，p27 存在下で RNA 合成が起こる．

ii）タンパク質因子　ウイルスの RNA 複製酵素は，複製酵素成分を発現しない RNA（たとえばブロモウイルス科ウイルスの RNA3 やダイアンソウイルスの RNA2 など）にトランスに作用して RNA を複製することができる．この場合，複製酵素タンパク質はトランス因子と呼ばれる．ただし，ウイルス複製酵素タンパク質の翻訳が複製とリンクしている場合，すなわち，複製酵素成分を自ら翻訳した RNA のみが効率よく複製する場合には，複製酵素は RNA 因子と同様にシス因子と見なすことができる．turnip yellow mosaic virus（TYMV）の p150，alfalfa mosaic virus（AMV）の 1a と 2a，BMV の 1a，RCNMV の p88 などの複製酵素成分タンパク質は自らが翻訳された RNA に優先的に相互作用し，RNA 複製複合体を形成すると考えられる．このような複製機構は *cis*-preferential 複製と呼ばれる．RCNMVp88 の例を図 8.6 に示す．

4）複製の場所

一般に，（＋）鎖 RNA をゲノムとしてもつウイルスは RNA 複製の場として細胞内膜系を利用する．このことは BMV を含むいくつかのウイルスで報告されてきた次の 4 つの観察から導かれる．1）免疫蛍光顕微鏡観察と免疫電子顕微鏡観察は，ウイルス複製酵素タンパク質と新たに合成された RNA は細胞内膜系に局在することを示す．2）ウイルス感染細胞から調製したウイルス特異的 RNA 依存 RNA 合成酵素の *in vitro* での活性は細胞内膜系画分と一致する．3）界面活性剤は *in vitro* でのウイルス複製酵素活性を阻害する．4）脂質合成阻害剤処理と脂質合成関連遺伝子の変異は，ウイルス RNA 複製を阻害する．

表8.1　ウイルスRNA複製と関連性のある細胞オルガネラ膜

ウイルス属	ウイルス	オルガネラ膜
アルファモウイルス	AMV	液胞膜
ククモウイルス	CMV	液胞膜
コモウイルス	CPMV	小胞体膜
ダイアンソウイルス	RCMMV	小胞体膜
ティモウイルス	TYMV	葉緑体膜
トバモウイルス	TMV	小胞体膜
トムブスウイルス	CIRS	ミトコンドリア膜
トムブスウイルス	CNV	ペルオキシソーム膜
トムブスウイルス	CymRV	ペルオキシソーム膜
トムブスウイルス	TBSV	ペルオキシソーム膜
ネポウイルス	GFV	小胞体膜
ブロモウイルス	BMV	小胞体膜
ベニウイルス	BNYV	ミトコンドリア膜
ポティウイルス	TEV	小胞体膜

ウイルスが複製の場として利用する膜系はウイルスにより異なる（表8.1）．小胞体（ER）膜を利用すると考えられるウイルスには，TMV，BMV，tobacco etch virus（TEV），grapevine fanleaf virus（GFV）などがある．また，AMVやCMVは液胞膜を，TBSV，cucumber necrosis virus（CNV）やcymbidium ringspot virus（CyRSV）はペルオキシソーム膜を，carnation italian ringspot virus（CIRV）やbeet necrotic yellow vein virus（BNYVV）はミトコンドリア膜を，TYMVは葉緑体膜を利用すると考えられる．

BMVの1aタンパク質は鋳型となるRNAを小胞体膜上にリクルートする能力をもち，また，それ自身小胞体膜に結合してウイルスRNA合成の場となるルーメン（小胞）を形成する．TBSVのp33はペロキシソーム膜に同様のルーメンを形成し，膜上のp33にTdh2/3p（GAPDH）が結合して（－）鎖RNAを特異的にトラップしていると考えられている（図8.5）．その（－）鎖RNAを鋳型にして合成された（＋）鎖RNAはトラップされずに次々とルーメンから放出されるのであろう．

b. 一本鎖マイナスセンスRNA；(－) RNA（クラスV）

（－）RNA ⇒（＋）RNAあるいは（±）RNA ⇒（－）RNA

ラブドウイルス属，トスポウイルス属とテヌイウイルス属のウイルスが含まれる．トスポウイルスの場合は，ゲノムRNAにもORFが存在するため，アンビセンス（ambisense）とも呼ばれる．（＋）鎖RNAをゲノムとしてもつウイルスとのもっとも大きな違いは，粒子中にRNA複製酵素がRNAゲノムと一緒に含まれていることである．

1）ラブドウイルス（*Rhabdovirus*）

植物ラブドウイルスは細胞質で複製する *Cytorhabdovirus* と核内で複製する *Nucleorhabdovirus* がある．すべての動物ラブドウイルスのRNA複製は細胞質で起こると考えられていることと異なる．

核内で複製する植物ラブドウイルスの場合，小胞体膜上でウイルス粒子から放出された核タンパク質コア（core）は核に移行する．そこでコアに含まれるRNA複製酵素であるLタンパク質によってmRNAが転写される．転写産物にはポリA配列がついている．一方，動物のラブドウイルスではポリA配列をもつ転写物は見られない．細胞質で翻訳されたL，NとM2タンパク質は核に移行して，ゲノムRNAの複製とさらなるmRNAの合成が起こる．核の周辺にはL，NとM2タンパク質を含み，ウイルス複製の場であると考えられるビロプラズム（viroplasm）と呼ばれる封入体が形成される．感染後期には，Mタンパク質（マトリックス）とGタンパク質がL，N，M2タンパク質とRNAからなるコアを取り囲み，粒子が核内膜で形成され，核周辺に出芽する．

細胞質で複製する植物の *Cytorhabdovirus* では，ER膜上でウイルス粒子から放出された核タンパク質コアはその場で転写を行い，続いてウイルスタンパク質が翻訳される．複製は細胞質に形成されたビロプラズムで行われる．

2）トスポウイルス（*Tospovirus*）

三分節のゲノムRNA（RNA-L，RNA-M，RNA-S）のRNA-Lが複製酵素タンパク質をコードする．ゲノムRNAの複製は細胞質のゴルジ装置の膜系で起こると考えられている．また，ゴルジ装置は粒子形成の場である．

c. 二本鎖RNA；（±）RNA（クラスIII）

（±）RNA ⇒（＋）RNA ⇒（±）RNA

12分子の二本鎖RNAをゲノムとしてもつレオウイルス科 *Phytoreovirus* 属のウイルスなどが含まれる．粒子をタンパク質分解酵素で処理すると外殻のキャプシドタンパク質が除かれ，コアと呼ばれる構造体が得られる．コアには（－）鎖RNAをゲノムとしてもつウイルスと同様，RdRPが含まれる．動物のレオウイルスの実験から図8.7に示すような複製モデルが考えられる．H^3-ウリジンで標識されたRNAを含むコアを細胞に感染させ，子孫粒子が生産される15時間後

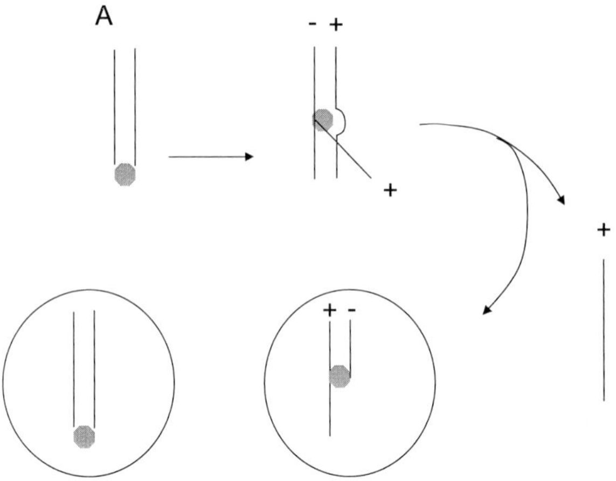

図 8.7　動物レオウイルスの複製モデル
●：RNA 複製酵素

に RNA を解析すると，子孫粒子には放射線標識 RNA がまったく検出されない．コアの RdRP は親の二本鎖 RNA の片方から RNA を転写合成する．合成された RNA は mRNA となるとともに，RdRP と一緒に新たな粒子に取り込まれ，その中で二本鎖 RNA となる．複製は細胞質に形成されるビロプラズム中で起こる．

d. 一本鎖 DNA（クラスII）

　　　　　　　　（＋）RNA
　　　　　　　　　　↑
一本鎖 DNA　⇒　（±）DNA　⇒　一本鎖 DNA

植物ではジェミニウイルス科とナノウイルス科に属するウイルスが含まれる．

1）ジェミニウイルス（geminivirus）

一般にウイルス粒子は核に蓄積する．また，tomato golden mosaic virus（TGMV）感染葉から分離された核においてゲノム DNA 鎖とそれと相補的 DNA 鎖が合成されることから，複製は核で起こると考えられる．ウイルス感染細胞からウイルスゲノムに特異的な二本鎖 DNA と一本鎖 DNA を部分的に含む DNA が検出されることから，ゲノム DNA はローリングサークル機構により複製されると考えられている．複製モデルを図 8.8 に示す．

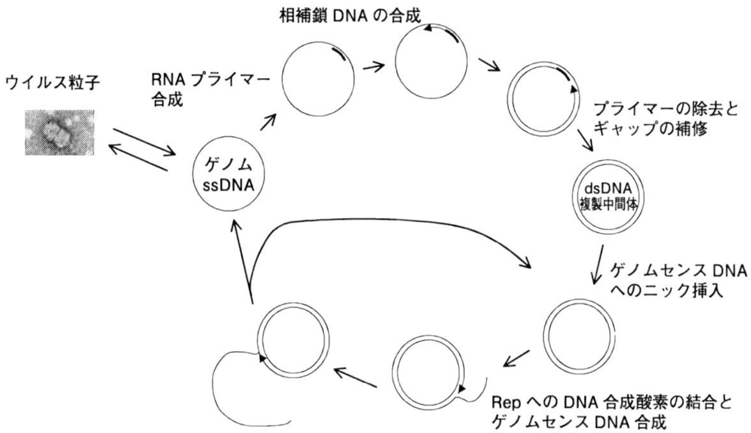

図 8.8 ジェミニウイルスの DNA 複製モデル
出典：Hull, R. (2002): *Matthews' plant Virology, 4th ed*. Academic press.

DNA 合成は宿主の DNA 依存 DNA 合成酵素により行われる．ゲノム DNA において遺伝子間領域と呼ばれる約 80 塩基の領域に結合できる小さな RNA がプライマーとなりゲノム DNA に相補的な DNA が合成されると考えられる．

ゲノム DNA 鎖合成ではすべてのジェミニウイルスに共通に保存されているステムループ構造とイテロンと呼ばれる繰り返し配列を含む領域が重要な役割を果たす．ウイルスの Rep タンパク質（replication associated protein）が二本鎖 DNA のイテロン繰り返し配列に結合後，ステムループ（SL）構造のループ配列（TAATATTAC）の TT↓AC 間を切断しニックができ，そこから DNA 合成が始まる．また，Rep タンパク質は，ローリングサークル機構により合成されたゲノム DNA を環状化するためのライゲース活性ももっている．

e. 二本鎖 DNA（クラスⅦ）

（±）DNA ⇒（＋）RNA ⇒（±）DNA

植物では，cauliflower mosaic virus（CaMV）を含むカリモウイルス科のウイルスが二本鎖 DNA をゲノムとしてもつ．複製の特徴は，逆転写酵素による RNA 合成を介した DNA 合成を経ることである．RNA と DNA 合成を介した複製機構は，RNA をゲノムとしてもつ動物のレトロウイルス（クラスⅥ）と類似しているので，パラレトロウイルスと呼ばれる．

植物二本鎖 DNA ウイルスでもっとも研究の進んでいる CaMV を例に複製プ

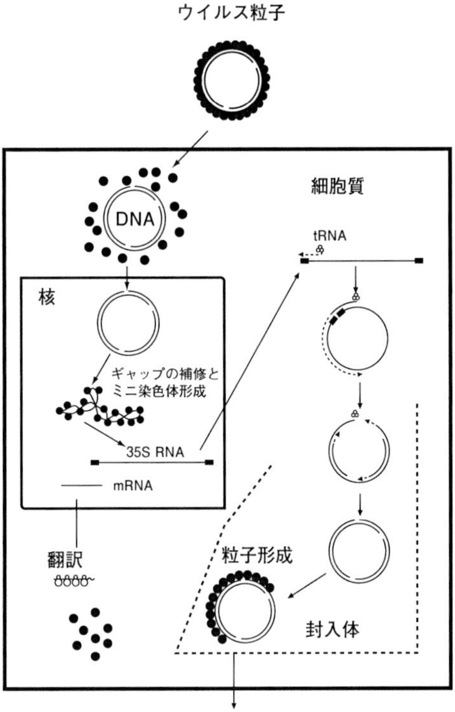

図 8.9 カリフラワーモザイクウイルスの DNA 複製モデル
(出典：図 8.8 に同じ)

ロセスの概略を示す（図 8.9)．粒子二本鎖 DNA は，核内に移行し，ギャップ構造でオーバーラップしている塩基配列が取り除かれて完全な二本鎖 DNA になる．宿主の DNA 依存 RNA 合成酵素 II により 19S と 35S の 2 種類の mRNA が転写される．これらの mRNA は細胞質に移行してウイルスタンパク質が翻訳される．19 S RNA からは大量の ORF VIの産物が翻訳され，ゲノム複製の場であるビロプラズムと呼ばれる封入体が形成される．35SRNA からは逆転写酵素とその他 4 つのタンパク質が翻訳される．35S RNA は DNA 合成の鋳型でもある．35S RNA の 3′ 末端領域の 14 塩基に met-tRNA が結合し，逆転写酵素により全長の α 鎖 DNA が合成される．続いてそれに相補的な DNA が合成されるが，その際，逆転写酵素がもつ RNaseH 活性により RNA は除去される．ウイルス粒子あるいはビロプラズムにおいて逆転写酵素活性が認められることから，動物のレトロウイルスと同様，逆転写反応はウイルス粒子で起こると考えられる．

8.4 変　　異

すべての生物の進化は遺伝情報をになうゲノム核酸での変異（mutation）が伴う．ウイルスにおいてもほかの生物と同様で，さまざまな変異の機構が知られている．それらは塩基置換，塩基配列の欠失あるいは付加，組換え（recombination）による．これらの変異はゲノム核酸の構造変異，コードされたタンパク質でのアミノ酸変異，あるいはその両方を介してウイルスのさまざまな生物活性に影響する．

a. 塩基置換

ウイルスの変異はおもにゲノム核酸合成時における複製酵素のエラーにより起こる．エラーの起こる確率は複製様式，塩基配列，および環境要因に依存する．塩基置換変異は，プリン塩基間で起こるtransitionタイプとプリン/ピリミジン塩基間で起こるtransversionタイプがある．これらの置換が遺伝子の翻訳領域で生じ，かつアミノ酸を指定するコドン変異を伴う場合は，タンパク質の変異を生じる．アミノ酸変異を伴わない場合，あるいは非翻訳領域の変異でもその配列そのものが重要な場合は，ウイルスの複製能やさまざまな表現型に大きく影響する．エラーの確率は，DNAからDNAを合成するDNA依存DNA合成酵素では約10^{-11}であるが，DNAからRNA，RNAからRNA，あるいはRNAからDNAを合成する酵素の場合は10^{-3}〜10^{-4}と非常に高い．これはDNA依存DNA合成酵素はプルーフリーディング（proof-reading）機能（誤ってミスマッチの塩基を取り込んだ場合それを正規の塩基と置換する機能）をもつが，それ以外の核酸合成酵素がそのような活性をもっていないことによる．RNA複製での変異の多さは次のような実験で容易にわかる．全身感染能を著しく損なわすような変異を導入したウイルスRNA（*in vitro* 転写物）を宿主植物に接種すると，その上位葉からは野生型への復帰変異体（revertant）あるいは野生型とは異なるが野生型と同等の感染力をもつ復帰変異体（pseudorevertant）が高頻度で出現する．実際，RNAバクテリオファージの$Q\beta$ではいわゆる野生型の配列をもつRNAはウイルス集団の約15%で，残りの85%は何らかの変異をもつRNAであることが知られている．このことからも自然界で分離されるRNAウイルスのゲノムは多くの変異RNA分子からなる集団として存在すると考えられる．ウイルスは遺伝子変異の集積したゲノムからなるクワジスピーシーズ（quasi-species）

としてとらえる必要がある．

b. 組　換　え

組換えは，同一分子間，あるいは異なる分子間で起こり，その結果キメラ分子が生じる．塩基の欠失や付加は組換えによって生じると考えられる．組換えは，変異による異常な分子の生成を修復する機構であるとともに，進化に必要な変異をもつ新しい分子の生成機構であると考えられる．

1）RNA ウイルスでの組換え

in vitro で作製した変異体 RNA を用いることによって，植物 RNA ウイルスの複製過程で RNA 分子間の組換えが頻繁に起こっていることがはじめてわかった．BMV ゲノム RNA1，RNA2 と RNA3 の 3′ 非翻訳領域の 200 塩基は相同で，複製に必須である．BMV RNA3 は，RNA1 と RNA2 にコードされたタンパク質により複製される．3′ 非翻訳領域に欠失をもつ変異 RNA3 を複製酵素成分をコードする野生型の RNA1 と RNA2 と一緒に植物体，あるいはプロトプラストに接種すると，いずれにおいても野生型の RNA3 が生じ，複製される．この結果は，RNA3 の 3′ 非翻訳領域において RNA1 あるいは RNA2 と変異体 RNA3 の間で組換えが起こったことを示している．このような RNA の組換えには必ずしも RNA3 の分子が複製能をもつ必要がないことが明らかにされている．

RNA の組換えには，塩基配列類似性を必要とする場合と配列類似性を必要としない場合がある．また，組換えの機構としては，複製酵素が鋳型をスイッチする（乗り換える）モデルと RNA 切断と接合により組換えが起こるモデルがある．ここでは，RNA の組換えで一般的な複製酵素-鋳型-スイッチモデルについて説明する．このモデルでは，複製酵素とともに 3 種の RNA 分子が組換えに関わる．RNA 複製酵素が RNA 合成の鋳型としている RNA（ドナー RNA），新たに合成されている RNA（合成途上 RNA），RNA 複製酵素がスイッチして新たに鋳型として利用する RNA（受容 RNA）である．このモデルでは，RNA 合成が一時的に止まり，RNA 複製酵素が受容 RNA と相互作用して受容 RNA に移れる機会を提供する因子がドナー RNA あるいは合成途上 RNA 上のスイッチする領域に存在する．TCV 感染で付随して生じる sat-RNA D と sat-RNA C の発生に関わる組換えでは，ドナー RNA の組換え領域上流に想定される丈夫なヘアピン構造が重要な役割をもつ．組換えはプラスセンス RNA 合成時に起こると考えられているので，この場合のドナー RNA はマイナスセンスの RNA である．一方，BMV ゲノムの相同性領域間での組換えを促進する要因としては，ドナー RNA と受容 RNA 間での塩基配列の相同性の程度と長さ（15 塩基かそれ以上の相同性）が考えられる．また，AU に富む領域（最低 61〜65%）を下流にもつ GC に富む領域の存在も重要である．

2）DNA ウイルスでの組換え

相同性組換えと非相同性組換えがある．ジェミニウイルス種間の組換えは，ゲノム DNA 鎖合成開始点の近傍領域で起こり，塩基配列の相同性が重要であると考えられている．一方，欠失変異体の野生型サイズへの復帰などの実験結果は非相同性組換えが起こることを強く示唆するものである．　〔奥 野 哲 郎〕

参 考 文 献

Hull, R. (2002): *Matthews' plant Virology, 4th ed*. Academic Press.
Buck, K. W. (1996): Comparison of the replication of positive-stranded RNA viruses of plants and animals. *Adv. Virus Res*. **47**, 159-251.
Komoda, K., S. Naito, and M. Ishikawa. (2004): Replication of plant RNA virus genomes in a cell-free extract of evacuolated plant protoplasts. *Proc. Natl. Acad. Sci. USA* **101**, 1863-1867.

9. ウイルスの移行

植物ウイルスは最初に感染した細胞で増殖し，増殖したウイルス，あるいはウイルスゲノムは細胞骨格繊維を介して隣接細胞への移行経路であるプラズモデスマータ（plasmodesmata；PD，細胞間連絡あるいは原形質連絡とも呼ばれる）に運ばれ，PDを通って隣接細胞へ移行する．次に維管束系細胞に入り込み，師部組織を介した長距離移行を経て，再び師部組織/維管束から別の葉の組織細胞へ細胞間移行し，全身に広がる（図9.1）．このように，植物ウイルス感染拡大

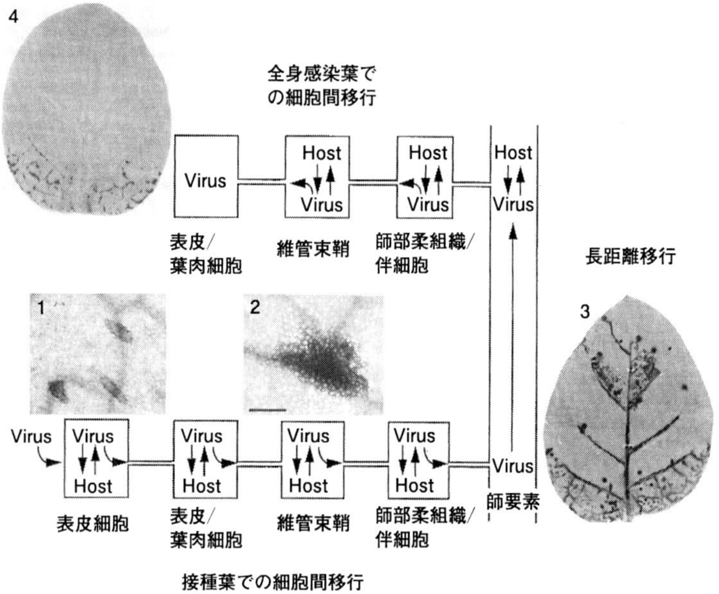

図 9.1　ウイルスの細胞間移行と全身移行の経路

写真はGUS遺伝子を組み込んだポティウイルスのtobacco etch virus（TEV）をアラビドプシス（1と2）あるいはタバコ（3と4）に接種し，GUS活性を指標にウイルスの移行を調べた実験結果．1，2，3は接種葉，4は非接種上位葉．1．接種24時間後，2．接種48時間後，3．接種96時間後，4．接種72時間後．

出典：写真1と2，および図はCarrington *et al*.（1996）: *Plant Cell* **8**, 1669-1681，写真3はVerchot and Carrington（1995）: *J. Virol*. **69**, 1582-1590，写真4はDolja *et al*.（1992）: *Proc. Natl. Acad. Sci. USA* **89**, 10208-10212.

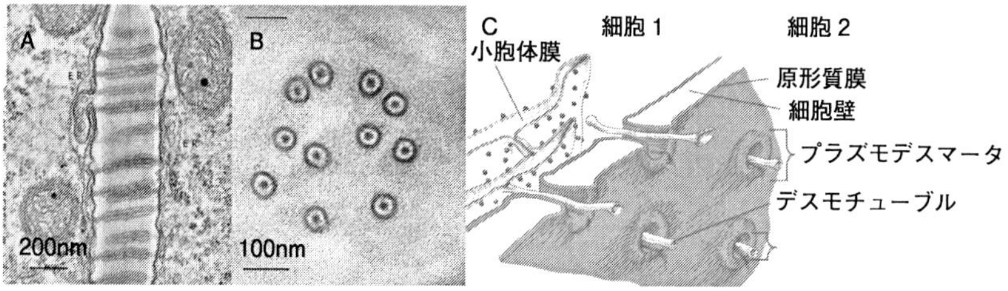

図 9.2 プラズモデスマータ
サトウキビ葉のプラズモデスマータ（PD）の電子顕微鏡写真（A：縦断面，B：横断面）．C：PD のモデル図．
出典：A と B，Robinson-Beers and Evert（1991）: *Planta* **184**, 307-318，C，Lincoln and Zeiger（1991）: *Plant Physiology*. The Benjamin/Cummings Publishing Co., Inc.

の基本は，細胞内移行，細胞間移行，維管束と師部組織を介した長距離移行の 3 つに分けて考えることができるであろう．一部の例外を除き，植物ウイルスは，一旦細胞内（シンプラスト）に取り込まれれば，細胞外（アポプラスト）に出ることなく植物個体全身に移行できる．このように，植物ウイルスの移行機構は，細胞ごとで完全な感染サイクルを繰り返す動物ウイルスと大きく異なる．

9.1 プラズモデスマータ（PD）

PD は細胞壁を貫いて原形質膜と小胞体（ER）膜がその中を通っており，物質輸送と細胞分化にも関わる植物細胞間を繋ぐ重要な構造である（図 9.2）．しかし，通常の植物葉での PD はウイルス粒子あるいはウイルスゲノム核酸のような大きな分子は通さない．そこで植物ウイルスは細胞間移行のため移行タンパク質（MP）と呼ばれる特殊なタンパク質をコードしている（6 章参照）．

9.2 TMV MP が細胞間移行に関わることの発見

tobacco mosaic virus（TMV）（トマト系，現 tomato mosaic virus）の温度感受性変異体（Ls1）は高温（32 度）で宿主に感染できないが，1 細胞レベルでは 32 度でも野生株と同様に増殖する．ウイルスを特異的に検出できる蛍光抗体を用いて高温下での接種葉におけるウイルス分布を観察すると，蛍光は 1 細胞ごとに限られ，複数個の細胞クラスターとして蛍光を発する像は認められなかった．すなわち Ls1 は初期感染細胞においては増殖できるが，その細胞から隣の細胞に移行できないことがわかった（表 9.1 と図 9.3）．野生株と Ls1 のこのような性質の違いが 30 kDa タンパク質に起因することが明らかにされ，30 kDa

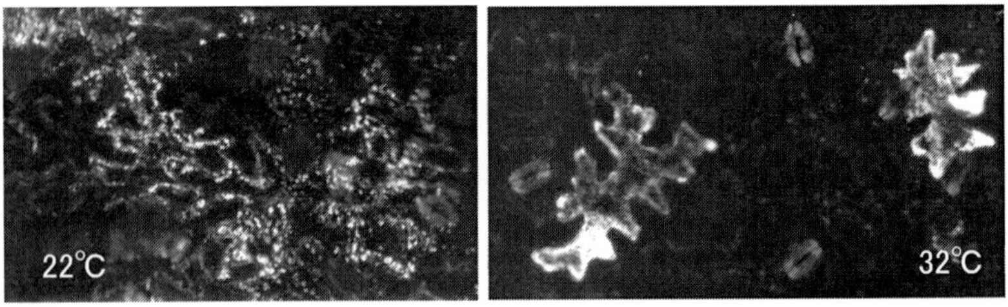

図 9.3　TMV 変異体（Ls1）の増殖に及ぼす温度の影響
Ls1 接種 24 時間後のタバコ接種葉を TMV 特異蛍光抗体で染色した蛍光顕微鏡写真．写真は西口正通博士提供．

表 9.1　Ls 1 の増殖に及ぼす温度の影響*
Ls 1 の増殖量はプロトプラストでは温度の影響を受けないが，葉組織では高温で増殖できない温度感受性を示す．

検定組織	22 °C	32 °C
葉組織	～ 160000	37
プロトプラスト	672	737

*数字は検定組織の磨砕液接種によるアッセイ植物での局部病斑数

タンパク質が TMV の細胞間移行において重要な働きをすることが証明された．その後，多くの植物ウイルスが TMV 30 kDa と同様，1 細胞レベルでの増殖に必要でないが細胞間移行に必要な非構造タンパク質，すなわち細胞間移行タンパク質をコードしていることが報告された．

9.3　MP の性質と機能

a. PD への局在

TMV の MP に対する抗体を用いた金コロイド-免疫電子顕微鏡法によりウイルス感染葉組織を観察すると，金コロイド粒子が細胞間隙に存在する PD に局在することが観察される（図 9.4）．また，TMV の MP を発現する形質転換タバコにおいても MP の PD への局在性が観察される．同様の現象が多くの植物ウイルスで報告されている．これらの観察は，植物ウイルスの細胞間移行が MP と PD を介して起こることを示唆する．

b. 排除分子量限界の拡大

PD は通常，分子量 800 Da 以下のデキストラン分子を通すが，分子量がそれ

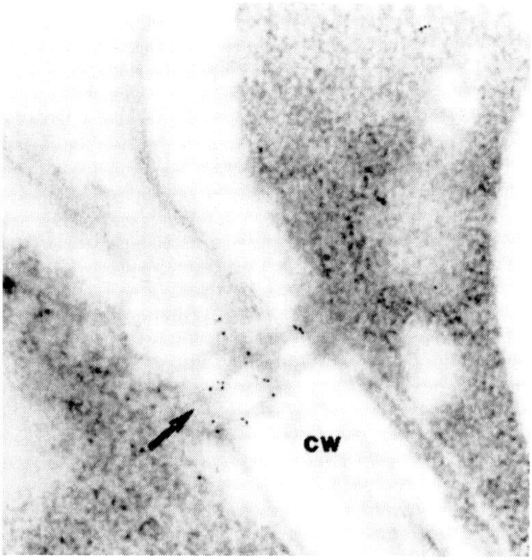

図 9.4 TMV 移行タンパク質はプラズモデスマータ（PD）に局在する．矢印は PD と PD に局在する金粒子（黒点）．TMV 感染タバコ葉切片を抗 TMV 移行タンパク質抗体で処理後，抗体特異的金粒子抗体で処理した免疫電子顕微鏡写真．CW：細胞壁．
出典：Tomenius *et al*. (1987): *Virology*, **160**, 363-371.

以上のデキストラン分子は通さない．また，ある組織の PD は 50 kDa までのサイズの GFP 融合タンパク質を通すことができるが，それ以上のサイズのタンパク質は通さない．すなわち，PD には排除分子量限界（size exclusion limit；SEL）がある．一方，マイクロインジェクションで TMV MP を同時に細胞に導入すると，通常 PD を通れない 10～20 万 kDa のデキストラン分子が通れるようになる．すなわち，MP は SEL を増大させる機能がある．

c. 核酸分子との結合

これまで解析された多くの植物ウイルスの MP は，協同的（cooperative）にかつ塩基配列非特異的に一本鎖の核酸（RNA および DNA）に結合する性質をもつ．たとえば，TMV の MP は TMV RNA と結合し，直径 2 nm の針様の核タンパク質複合体を形成する．また，TMV MP のさまざまな変異体の解析から，MP の PD への局在性，PD の SEL 増大活性と子孫ウイルス RNA の移行促進活性において相関性が認められた．すなわち，TMV MP は細胞内でゲノム RNA と結合し，PD に運んで細胞間移行を促進していると考えられる．

一方，red clover necrotic mosaic virus（RCNMV）の MP は RCNMV RNA 以外の RNA も隣接細胞に移行させることができる．しかし，*in vitro* で結合できる一本鎖 DNA に対しては隣接細胞への移行活性は示さない．また，強い RNA 結合活性と cooperative 結合活性をもつ MP でも *in vivo* ではウイルスの細胞間移行活性を示さず，この変異体 MP はインジェクションされた細胞にとどまる．すなわち，RCNMV の MP の場合は，*in vitro* での RNA との結合の強さ，あるいは RNA との cooperative 結合活性は必ずしも *in vivo* でのウイルスの細胞間移行能あるいは全身感染性と相関しない．

MP の核酸との結合活性は細胞間移行能において重要であるが，それ以外のさまざまな MP 機能がウイルス移行には同時に必要であると思われる．

d. 細胞骨格への局在

動物ウイルスの研究では，細胞骨格の微小管（マイクロチューブル；microtuble）がウイルスゲノム複合体の細胞内での移動で重要な働きをすることがわかっている．一方，植物ウイルスの細胞内および細胞間移行における，微小管あるいは微小繊維（マイクロフィラメント；microfilament；アクチン）の役割については，TMV を含むウイルスの研究結果をもとにいくつかのモデルが考えられている．

1）微　小　管

植物では，微小管はウイルス核タンパク質複合体の PD への移動と細胞間移行に直接的には関与していないと考えられる．その理由として，1）TMV MP は感染初期には ER 膜系に局在し，微小管に局在しない．微小管への局在は感染後期にのみ観察される．2）阻害剤で微小管を壊しても TMV の細胞間移行に影響が見られない．3）DNA ベクターから発現させた TMV MP は微小管への局在性は認められなかったが，細胞間移行機能の増大活性を保持していた．微小管系はタンパク質の分解系である 26S プロテアソームを介した TMV MP の分解に関わっている可能性が考えられる．

2）微 小 繊 維

微小繊維はウイルス複合体の PD への移動と細胞間移行に関わっていると考えられる．その理由として，1）アクチンとミオシンは PD 内に存在する．2）阻害剤でアクチン繊維を壊すとトバモウイルス，ホルダイウイルス，ポテックスウイルスなどの細胞間移行が阻害される．これらのウイルスではウイルス核タンパク質複合体がミオシンモーター/アクチン繊維/ER系を介して移行するモデルが考えられる．

9.4 細胞間移行に必要なMP以外のウイルスタンパク質

MPがウイルスの細胞間移行において中心的な役割をもつことは明らかであるが，実際の感染ではMP以外のウイルスタンパク質も移行において重要な役割を果たす（表9.2）．

a. 外被タンパク質（CP）

もっともよく知られている例は，CPである．とくに後述するコモウイルス属のCPMVのようにウイルス粒子で細胞間移行すると考えられるウイルスではCPは移行の必須要素である．一方，完全なウイルス粒子ではなく，核タンパク質で細胞間移行すると考えられているウイルスでもCPを移行に必要とするウイルスがある．たとえば，CMVのMPである3aタンパク質をマイクロインジェクションした細胞ではPDのSELが増大し，同時に導入されたCMV RNAは隣接細胞に移行できるようになる．しかし，CPを発現できないCMVは通常の植物体では細胞間移行できない．細胞間移行におけるCMVのこのようなCP要求性はMPの変異により変わることがわかった．C末端側の33アミノ酸を欠失したMP（3aMPΔC）をもつCMVはCPのない状態で細胞間移行が可能であ

表9.2 ウイルス細胞間移行に必要とされるウイルスタンパク質

ウイルス属	ウイルス種	MP(s)	補助タンパク質
コモウイルス	CPMV	58 kDa/48 kDa	CP
トバモウイルス	ToMV，TMV	30 kDa	複製酵素タンパク質
ダイアンソウイルス	RCNMV	35 kDa	—
ウンブラウイルス	GRV	ORF4	—
ブロモウイルス	CCMV	3a	—
	BMV	3a	CP（−）
ククモウイルス	CMV	3a	CP
ベゴモウイルス	BDMV，SLCV	BC1	BV1
ポティウイルス	TEV，BCMNV，LMV	HC-Pro + CP	CI
ホルダイウイルス	BSMV	TGBp1	TGBp2 + TGBp3
ポテックスウイルス	PVX，WClMV	TGBp1	TGBp2 + TGBp3 + CP

BCMNV, *Bean common mosaic necrosis virus*; BDMV, *Bean dwarf mosaic virus*; BMV, *Brome mosaic virus*; BSMV, *Barley stripe mosaic virus*; CCMV, *Cowpea chlorotic mottle virus*; CMV, *Cucumber mosaic virus*; CPMV, *Cowpea mosaic virus*; GRV, *Groundnut rosette virus*; LMV, *Lettuce mosaic virus*; PVX, Potato virus X; RCNMV, *Red clover necrotic mosaic virus*; SLCV, *Squash leaf curl virus*; TEV, *Tobacco etch virus*; TMV, *Tobacco mosaic virus*; WClMV, *White clover mosaic virus*; CP, capsid protein; CI, cylindrical inclusion protein.

る．CMV RNAとMPで形成される核タンパク質の分子形態観察から，3aMPΔCのRNA結合能は野生型MPの2倍で，3aMPΔCはCPのない状態でも細胞間移行能をもつRNA複合体を形成できると考えられる．野生型CMV MPはCPと共存してはじめて移行能をもつRNA複合体（核タンパク質）を形成することができると考えられる．

ブロモウイルス属のCCMVは細胞間移行にCPを必要としない．一方，ブロモウイルス属のBMVでは，細胞間移行にCPを必要とする株と必要としない株が存在する．すなわち，CPの要求性はウイルス株によって異なる．この場合にもCPの要求性はMPのアミノ酸配列により決まる．

b. CPとHC-ProとCI

ポティウイルスのCPとHC-Proは一般的なMPの機能（PDのSELの増大，PDを通過する能力，ウイルスRNAの細胞間移行の促進）を備えている．すなわち，CPとHC-Proは多機能でありポティウイルスのMPである．また，ポティウイルスのRNAヘリカーゼであるCIタンパク質はCP/HC-Pro/ウイルスRNA複合体のPDを介した細胞間移行を促進するアクセサリータンパク質と考えられる．さらに，HC-ProはRNAサイレンシングの抑制能をもつサプレッサータンパク質でもある（第10章）．

c. TGB

ホルダイウイルスやポテックスウイルスなどではtriple gene block（TGB）にコードされた3種のタンパク質（TGBp1，TGBp2，TGBp3）が細胞間移行に必要である．ホルダイウイルスのTGBp1は，それ自身PD SELを増大させることも，移行することもできないが，ウイルスRNAと複合体を形成し，TGBp2とTGBp3の助けを借りて細胞内でPDへ移行して，細胞間を移行すると考えられている．ポテックスウイルスの細胞間移行には，TGBp1，TGBp2とTGBp3に加えてCPが必要とされる．

d. BV1

ジェミニウイルス科のベゴモウイルスの移行タンパク質BC1はDNAに特異的に結合する．本ウイルスはBC1以外に核で複製したDNAゲノムを細胞質へ輸送するときに働くBV1も細胞間移行に必要とする．BV1とBC1の相互作用がBC1を含む移行複合体形成にゲノムDNAを移すのに重要であると考えられている．

e. 複製酵素タンパク質成分

宿主域を異にするTMV株間で複製酵素タンパク質のヘリカーゼドメイン領域を置換したキメラウイルスが作成された．このキメラウイルスは1細胞レベルでは野生株と同等に複製するが，植物体レベルでは感染が認められない．このことは，複製酵素タンパク質がウイルスの細胞間移行に密接に関わっていることを示している．

9.5 移 行 形 態

ウイルスの細胞間移行では核タンパク質とウイルス粒子の2つの移行形態が考えられる．ウイルス粒子で移行するウイルスでは，当然，CPは移行の必須要素となる．cowpea mosaic virus（CPMV）感染葉では細胞間をつなぐPDにウイルス粒子を含む管状構造が観察される（図9.5 A，B）．CPMV感染プロトプラストでは同様の管状構造がプロトプラストから生じ，その管状構造にはCPMVのMPとCPがともに局在する（図9.5 C，D，F）．このような観察結果からCPMVは粒子で細胞間を移行すると考えられている．また，alfalfa mosaic virus（AMV），BMV，cauliflower mosaic virus（CaMV）やtomato spotted wilt virus（TSWV）などが感染したプロトプラストでもCPMVと類似した管状構造が認められる．さらに昆虫細胞でも複製するTSWVでは，感染昆虫細胞で植物細胞と同様の管状構造形成が観察される．このようなMPの管状構造誘導能はウイルスの細胞間移行と関係があると考えられるがその機構の詳細については明らかでない．

TMVは，先に述べたようにMPのほかに複製酵素タンパク質を細胞間移行に必要とする．TMVは複製酵素タンパク質-TMV RNA複合体が細胞内と細胞間移行の分子形態であると考えられている．また，細胞間移行にCPを必要とするBMVやCMVもCPの要求性がMPの変異によって変わるため，粒子ではなく核タンパク質が移行形態であると考えられている．

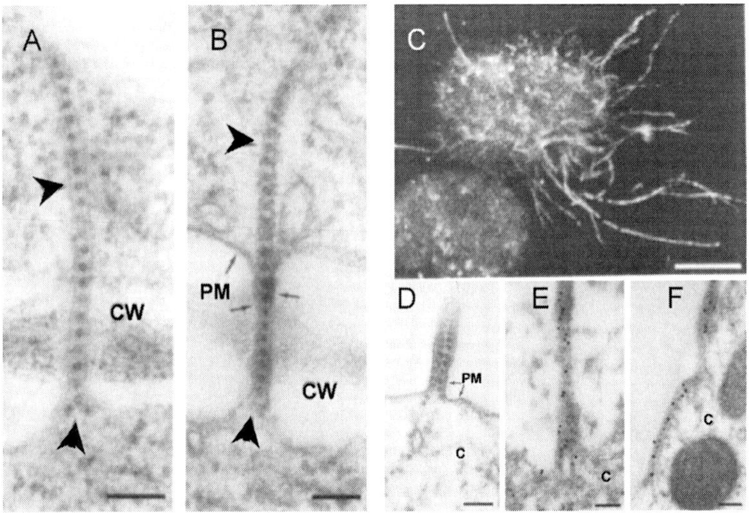

図 9.5　CPMV 感染細胞で誘導される管状構造

CPMV 感染葉ではウイルス様粒子を含む管状構造（太い矢先）がプラズモデスマータ（PD）を貫いている様子が観察される電子顕微鏡写真（A と B）．隣接細胞の細胞質膜（PM）は，PD を通して繋がっている（小さな矢印）（B）．CPMV 感染プロトプラストに誘導される管状構造（C ，D，E，F）．抗移行タンパク質（58 kDa/48 kDa）抗体で処理した免疫蛍光顕微鏡写真（C）．抗外被タンパク質抗体（E）と抗移行タンパク質抗体（F）処理後，抗体特異的金粒子抗体を処理した感染 40 時間後の CPMV 感染プロトプラストの免疫電子顕微鏡写真．CW：細胞壁，C：細胞質．スケールバー：0.1 μm．出典：Van Lent *et al.* (1991): *J. Gen. Virol.* **72**, 2615-262.

9.6　長距離移行

ウイルスの長距離移行は維管束組織を介して起こる（図 9.1）．そのルートは基本的にはシュークロースなど光合成産物の移行ルートである．ただし，ソベモウイルスなどの特別な例を除き，大多数のウイルスは，同化産物と異なり細胞外（アポプラスト）に出ることはなく，すべて師部細胞などのシンプラスト内を移行する．一般に，維管束組織は，維管束細胞（bundle sheath cell）で取り囲まれ，伴細胞（companion cell）を伴った師部柔細胞（phloem parenchyma cell）と師要素（sieve element）から成り立っている．維管束細胞あるいは師部柔細胞から伴細胞への移行とそれに続く伴細胞から師要素への移行には特異的な宿主因子が関与していると考えられているが，その機構については未知である．

多くのウイルスの長距離移行では CP が必要とされる．CMV では，核タンパク質で師要素へ移行し，そこで粒子化されることがその後の長距離移行に重要であると考えられている．一方，TBSV，RCNMV や tobacco rattle virus は CP のない状態で長距離移行できる．ただし，効率的な長距離移行には CP が必要である．

〔奥野哲郎〕

参考文献

Hull, R. (2002): *Matthews' plant Virology, 4th ed*. Academic Press.

Lucas, W. J. (2006): Plant viral movement proteins: agents for cell-to-cell trafficking of viral genomes. *Virology* **344**, 169-84.

Oparka, K. J. (2004): Getting the message across: how do plant cells exchange macromolecular complexes? *Trends. Plant. Sci.* **9**, 33-41.

10. ウイルスと植物の分子応答

植物はウイルスを含むさまざまな病原体の感染を抑制するさまざまな機構をもっている．一方，ウイルスも植物の抵抗性機構に対抗する機構を備えている．本章では，植物のウイルス抵抗性機構を中心に，ウイルスと植物の間で繰り広げられるさまざまな分子応答機構を解説する．

10.1 感染タイプ

ウイルスが感染し，個体全身に蔓延する場合，その植物は宿主（host）植物と呼ばれる．宿主植物では，ウイルスは最初に侵入した細胞で増殖し，周辺細胞へ移行，維管束系を介して全身に移行する．そのいずれのステップが阻害されても全身感染は成立しない．ウイルスがまったく感染できない植物は非宿主（non-host）と呼ばれる．非宿主を含む全身感染が起こらない植物はウイルスに何らかの抵抗性機構をもっていると考えることができる．ここでは抵抗性をいくつかの感染タイプで分けて解説する．

タイプ1：ウイルスは1細胞でまったく，あるいは効率よく増殖できない．したがって，隣接細胞にも移行できない．このタイプは免疫性（immunity）と呼ばれることがある．

タイプ2：ウイルスは侵入した細胞で効率よく増殖できるが，隣の細胞に移行できない．このタイプでは，ウイルスはプロトプラストに接種すると効率よく増殖する．非宿主と呼ばれる多くの植物とウイルスの関係で見られる．

タイプ3：ウイルスは侵入細胞で増殖し，細胞間を移行できるが，ウイルス増殖は初期感染部位の周辺に制限される．このタイプは過敏感反応（hypersensitive reaction or response；HR）と呼ばれる植物の抵抗性反応による場合が含まれる．また，ウイルスが上位葉に移行する前に離層形成により葉が離脱する場合などもこのタイプである．ただし離層形成の機構については明らかでない．

タイプ4：ウイルスは侵入細胞で増殖し，全身感染するがその増殖量が低いか，あるいは，ほとんど病徴が現れない．このタイプは耐病性（tolerence）と呼ばれる．

表 10.1 植物の抵抗性遺伝子とそれに対応するウイルス非病原性遺伝子（Kang, B-C., Yeam, I., and Jahn, M. (2005): Genetics of Plant Virus Resistance. *Annu. Rev. Phytopathol*. **43**, 581-621 を改変）

植　物	抵抗性遺伝子	タンパク質あるいはドメイン	ウイルス属	ウイルス名※	ウイルス遺伝子/領域	抵抗性機構※※	感染タイプ
アラビドプシス	*HRT*	LZ-NBS-LRR	カーモ	TCV	CP	HR：全身感染	3
	RCY1	CC-NBS-LRR	ククモ	CMV	CP	HR：全身感染	3
	RTM1	レクチン様タンパク質	ポティ	TEV	?	全身移行	3
	RTM 2	small HSP 様タンパク質	ポティ	TEV	?	全身移行	3
インゲン	*Bdm*	?	ベゴモ	BDMV	BV1	HR：全身感染	3
エンドウ	*sbm1*	eIF4E	ポティ	PSbMV	VPg	複製	1
カブ	*TuRBO1*	?	ティモ	TuMV	CI	HR：全身感染	3
カプシカム属植物	*pvr1*	eIF4E	ポティ	PVY	VPg	複製	1
	L	?	トバモ	TMV など	CP	HR：全身感染	3
ササゲ	?	?	ククモ	CMV	2a 複製酵素成分	HR：全身感染	3
ジャガイモ	*Nb*	?	ポテックス	PVX	25 kD MP	HR：全身感染	3
	Nx	?	ポテックス	PVX	CP	HR：全身感染	3
	Rx1, *Rx 2*	CC-NBS-LRR	ポテックス	PVX	CP	複製/HR	1, 3?
	Ry	NBS-LRR タイプ?	ポテックス	PVX	NIa プロテアーゼ	複製	1
タバコ	*N*	TIR-NBS-LRR	トバモ	TMV など	複製酵素タンパク質	HR：全身感染	3
	N′	CC-NBS-LRR	トバモ	TMV など	CP	HR：全身感染	3
トマト	*Sw-5*	CC-NBS-LRR	トスポ	TSWV	?	HR：全身感染	3
	Tm-1	機能未知	トバモ	ToMV など	複製酵素タンパク質	複製	1
	Tm-2/Tm-2²	CC-NBS-LRR	トバモ	ToMV など	MP	HR：全身感染	3
メロン	*nsv*	eIF4E	カーモ	MNSV	3′ 非翻訳領域	複製	1
レタス	*mo1*, *mo 2*	eIF4E	ポティ	LMV	ゲノム 3′ 側(VPg?)	複製/移行	1

※BDMV, bean dwarf mosaic virus; CMV, cucumber mosaic virus; LMV, lettuce mosaic virus; MNSV, melon necrotic spot virus; PSbMV, pea seed borne mosaic virus; PVY, potato virus Y; PVX, potato virus X; TEV, tobacco etch virus; TuMV, turnip mosaic virus; ToMV, tomato mosaic virus; TMV, tobacco mosaic virus; TSWV, tomato spotted wilt virus.

※※HR；過敏感反応

ウイルス抵抗性に関わる植物遺伝子とウイルス遺伝子を表10.1に示す．

10.2 細胞レベルでの抵抗性

a. トマトの *Tm-1* 遺伝子

Tm-1 遺伝子をもつトマト品種は tomato mosaic virus（ToMV）などのトバモウイルスに強い抵抗性を示す．ToMVの増殖は *Tm-1* トマトのプロトプラストで抑制されることから，この抵抗性はウイルスの複製過程に作用することがわかる．*Tm-1* 遺伝子をもつトマトで増殖できる *Tm-1* 抵抗性打破株と野生株の比較解析から，複製酵素タンパク質（126/183 kDa）の979番目のアミノ酸（野生株ではGln，打破株ではGlu）と984番目のアミノ酸（野生株ではHis，打破株ではTyr）が本抵抗性に関わっていることがわかった．その後，トマトから *Tm-1* 遺伝子産物（80 kDaタンパク質）が生化学的手法により単離され，Tm-1タンパク質はToMV複製酵素タンパク質に結合することが示された．さらに興味深いことに，*Tm-1* の対立遺伝子である *tm-1* 遺伝子を導入した形質転換タバコ（tm-1タンパク質を発現）は，本来は親和性の関係にある tobacco mild green mosaic virus（TMGMV）や pepper mild mottle virus（PMMoV）に対して抵抗性を示すようになり，この抵抗性は1細胞レベルで認められた．ちなみに，TMGMVやPMMoVは *Tm-1* の有無にかかわらずトマトプロトプラストで複製できない．これらの研究から，トマトが本来もつ *Tm-1*/*tm-1* 遺伝子座にコードされた因子と複製酵素タンパク質との相互作用の有無がウイルス複製の成否，すなわちトバモウイルスの宿主特異性の決定に重要な役割を果たしていることが示唆される．

b. 各種植物の *eIF4E* 遺伝子

カプシカム属植物の *pvr1*，エンドウの *sbm1*，トマトの *pot-1*，レタスの *mo1* などの遺伝子はポティウイルスに対する劣勢抵抗性遺伝子として知られている．これらの遺伝子はすべてeIF4Eをコードしている遺伝子であることが明らかとなっている（表10.1）．eIF4EはmRNAの5′キャップ構造に直接結合する翻訳開始因子の一つである．ポティウイルスゲノムRNAの5′末端にはキャップ構造ではなくVPgと呼ばれる小さなウイルスタンパク質が共有結合している．VPgはeIF4Eと相互作用し，翻訳において重要な役割を果たすと考えられている．劣勢抵抗性因子として機能するeIF4Eではタンパク質構造において同一あるいは類似した部位でアミノ酸変異が認められる．これらの変異はVPgとの相互作用に影響することでポティウイルス抵抗性を付与すると考えられる．

カーモウイルス属のmelon necrotic spot virus（MNSV）に対する抵抗性遺伝子として知られるメロンの *nsv* 遺伝子もeIF4Eをコードしている．*nsv* 遺伝子抵抗性打破株と野生株間で作成したキメラウイルスの解析からウイルスゲノムの3′非翻訳領域（3′UTR）が *nsv* 抵抗性のウイルス側の決定因子であることがわかっている．カーモウイルスのゲノムRNA 5′末端にはキャップ構造もVPgも存在しないが，カーモウイルスを含むトムブスウイルス科のウイルスでは3′UTRがキャップ非依存的翻訳で重要な役割を果たす．すなわち，*nsv* 遺伝子にコードされたCm-eIF4EはMNSVの3′-UTRを介した翻訳に効率よく利用できない．このことが1細胞でも複製できない一つの要因であると考えられる．

c. ポテトの *Rx* 遺伝子

potato virus X（PVX）は *Rx* 遺伝子をもつポテトに感染できない．また，*Rx* 抵抗性はプロトプラストレベルで有効である．*Rx* 抵抗性はPVXの外被タンパク質（CP）で誘導され，PVXの防除に有効であるが，一旦誘導された抵抗性はPVXと類縁関係のないウイルス，たとえばtobacco mosaic virus（TMV）にも有効である．*Rx* 遺伝子はCC-NBS-LRRタイプのR遺伝子様タンパク質（107.5 kDa）をコードしている．*Rx* 遺伝子を導入した形質転換植物でPVX CPを恒常的に発現させた場合は過敏感反応様壊死が誘導されるが，形質転換植物にPVXを感染させても過敏感反応様壊死は起こらない．*Rx* 遺伝子とPVX CPによる抵抗性誘導は，以下に述べる通常の細胞死を伴う過敏感反応とは異なる抵抗性機構によるのかもしれない．

10.3　過敏感反応を伴う抵抗性

ウイルスが感染すると，感染部位に小さな病斑が形成される場合がある．抵抗性遺伝子（*N* 遺伝子）をもつタバコにTMVを接種したときに生じる病斑を図10.1に示す．この病斑は，局部病斑（local　lesion）あるいは局部壊死斑（necrotic local lesion）と呼ばれ，ウイルスは病斑とその周辺に閉じこめられるため，それ以上感染が広がらない．カビやバクテリアなどの病原体に対する抵抗反応においても，類似の壊死斑が形成される．これらの病斑は，病原体からの毒素などによって植物の細胞が殺された結果生じるのではなく，植物細胞が病原体の

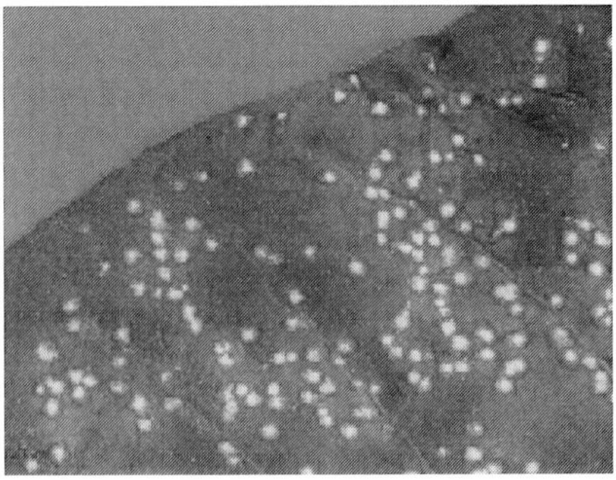

図 10.1　過敏感反応による壊死斑形成
TMV を *N* 遺伝子（抵抗性遺伝子）をもつタバコに接種したときに形成された病斑．ウイルスは全身に広がれない．（原図提供：大橋祐子博士）

病原体の非病原性遺伝子 ＼ 植物の抵抗性遺伝子	*R*	*r*
A	HR	-
a	-	-

図 10.2　植物の抵抗性遺伝子（*R*）と病原体の非病原性遺伝子（*avr*）の関係
HR：過敏感反応，-：目に見えた反応なし

何らかの因子を認識することによって，自発的に細胞死を伴った抵抗性が誘導される現象である．このような現象は，過敏感反応と呼ばれ，動物細胞で見られるアポトーシスと類似したプログラム細胞死現象である．過敏感反応は，植物の遺伝子（抵抗性遺伝子；*R*）と病原体の遺伝子（抵抗性を誘導するため非病原性遺伝子（*Avr*；avirulence gene）と呼ばれる）において1対1の関係が認められる（図 10.2）．過敏感反応による植物の防御機構は，1947 年に Flor がアマさび病の研究で遺伝子対遺伝子説（gene-for-gene theory）として提唱して以来，抵抗性機構研究の中心として多くの研究がなされてきた．また，抵抗性遺伝子を育種学的に導入することでウイルス抵抗性品種を含む農業上有用な多くの病害抵抗

性作物が作られてきた．

a. *R* 遺伝子

これまでに報告された過敏感反応タイプのウイルス抵抗性遺伝子はすべてヌクレオチド結合部位（NBS）とロイシンリッチ反復配列（LRR）をもつ NBS-LRR タイプのタンパク質である．これらの NBS-LRR タンパク質は，さらに N 末端側に coiled-coil（CC）領域をもつか，トール・インターロイキン 1 受容体様領域（toll-interleukin 1-receptor-like；TIR）をもつかで 2 つのタイプに分けられる．LRR 領域は多様性に富み，病原体あるいは防御反応シグナルの認識で重要な役割を果たし，NBS は ATP の加水分解とそれに続くシグナル伝達で重要であると考えられる．ただし，TIR タイプの *N* 遺伝子では，TIR 領域が *avr* 遺伝子産物であるウイルス因子の認識に関与している．

b. *avr* 遺伝子

過敏感反応に関わるウイルス遺伝子（*avr* 遺伝子）は表 10.1 に示すように多様である．たとえば，タバコの *N* 遺伝子にはトバモウイルスの複製酵素タンパク質成分 130/183 kDa のヘリカーゼドメイン領域が対応する．この場合 *N* 遺伝子産物の TIR 領域が宿主タンパク質を介してヘリカーゼドメイン領域と相互作用する．タバコの *N′* 遺伝子やピーマン，トウガラシなどの *Capsicum* 属植物の *L* 遺伝子にはトバモウイルスの CP が，トマトの *Tm-2*/*Tm-2²* 遺伝子には 30 kDa 移行タンパク質がそれぞれ対応する．

10.4　RNA サイレンシングによる抵抗性

a. RNA サイレンシング

RNA サイレンシングは最初，植物のアントシアニン色素合成に関与する遺伝子 *chalcone synthase* 遺伝子（*CHS*）を導入したペチュニア植物において導入した *CHS* 遺伝子のみならず，内在性の *CHS* 遺伝子も発現抑制される現象（co-suppression）が発端となり発見された．また，当時，植物ウイルスの遺伝子あるいはその配列の一部を発現する形質転換植物が，同じウイルスや近縁のウイルスに対して抵抗性を示すことがわかっていた．この抵抗性はタンパク質発現を必要としないため RNA 介在抵抗性（RNA-mediated resistance）と呼ばれた．さらに，co-suppression や RNA 介在抵抗性では，導入遺伝子の核内での転写は正常に行われていたため，これらは転写後遺伝子サイレンシング（post-transcriptional gene silencing；PTGS）と呼ばれた．その後，同様の機構がアカパンカビや線虫でそれぞれQuelling，RNA interference（RNAi）として発見され，今日，RNAサイレンシングは，動物から植物に至る多くの真核生物に共通して存在する配列特異的なRNA分解による転写後遺伝子発現抑制機構であることが明らかになった．

RNAサイレンシングでは，約21〜26塩基の小さなRNAが重要な役割を担う．これらの小さなRNAは，ウイルスやトランスポゾンなどの分子パラサイト制御などにおいて重要な働きをするshort interfering RNA（siRNA）と発生・分化制御で重要な働きをする内在性のmicroRNA（miRNA）に大別でき，いずれもDicerあるいはDicer様（DCL）と呼ばれるRNase III様二本鎖RNA分解酵素が二本鎖RNAあるいはヘアピン構造RNAを切断することにより生じる．これら小さなRNAによる標的RNAの特異的な分解，あるいは翻訳抑制には，Argonaute（AGO）familyタンパク質を含むRNA-induced silencing complex（RISC）が関与する．RISCは，二本鎖RNA，あるいは前駆体miRNA（pre-miRNA）のそれぞれから生じたsiRNAと成熟miRNAを取り込み，AGOタンパク質を介して取り込んだsiRNAと相補的配列の中央で標的RNAを切断，あるいは標的mRNAの3′UTRに結合して翻訳を阻害する．現在考えられているRNAサイレンシング機構の概略を図10.3に示す．

ヘアピン型RNAやゲノム複製過程で二本鎖RNAを作るRNAウイルスは，強力なRNAサイレンシング誘導因子となる．ウイルスに感染したシロイヌナズナでは，ウイルスRNAの分解産物と思われる21，22あるいは24塩基のsiRNAが検出される．siRNAの塩基数の違いと組合せは感染したウイルス種によって異なる．たとえば，tobacco rattle virus（TRV）に感染したシロイヌナズナでは21塩基と24塩基のsiRNAが観察されるが，turnip crinkle virus（TCV）の感染では22塩基のsiRNAのみが蓄積する．このようなsiRNAの塩基数の違いはDCL種における機能の重複と補完性，およびウイルスのサプレッサー機能の違いによることがわかってきた．野生型シロイヌナズナではTRV感染により22塩基のsiRNAの蓄積は見られないが，*dcl4*変異シロイヌナズナではTRV感染により21塩基ではなく22塩基のsiRNAが蓄積するようになる．*dcl2-dcl4*の二重変異体では21塩基と22塩基のsiRNAはいずれも蓄積しない．また，この二重変異体は*DCL4*単独の変異体よりもウイルス感染に対して強い

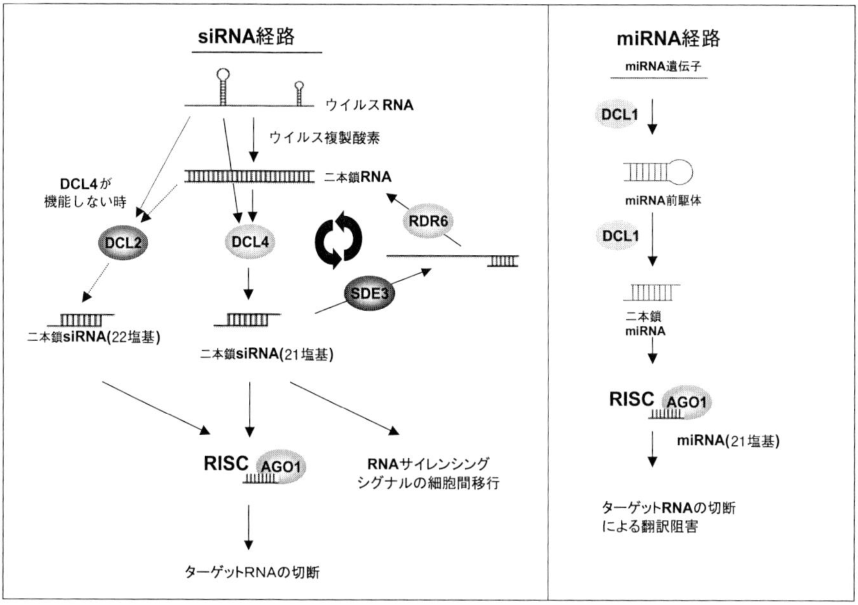

図 10.3　植物のウイルス防御に関わる siRNA 経路と遺伝子発現制御に関わる miRNA 経路

感受性を示す．22 塩基の siRNA の出現と 21 塩基の siRNA の消失は dcl 4 変異と相関する．すなわち，DCL 4 が機能しないときには DCL 2 が DCL 4 に代わって機能し，DCL 2 の産物である 22 塩基の siRNA を蓄積すると考えられる（図 10.3）．ちなみに，DCL 4 の産物は 21 塩基の siRNA であると考えられる．また，RNA サイレンシングに関わる遺伝子に変異をもつシロイヌナズナの変異体は，一般に，ウイルス感染に対する感受性が増し，ウイルスの病原性が顕著に表れる．

b. RNA サイレンシングサプレッサー

RNA サイレンシングに対抗する手段として，多くのウイルスは RNA サイレンシングを抑制する機構，たとえばサプレッサータンパク質をコードしている．実際，RNA サイレンシングがウイルスに対する防御機構であることは，多くのウイルスが RNA サイレンシング抑制タンパク質（サプレッサー）をコードしていることから明らかとなった．ウイルスのサプレッサーは多様で，トバモウイルスの複製酵素，ポテックスウイルスの移行タンパク質（MP），カーモウイルス

表 10.2　代表的なウイルス RNA サイレンシングサプレッサーの作用点

ウイルス属	ウイルス	サプレッサー	作用点
トムブスウイルス	TBSV など	P19	ds-siRNA 結合
ポティウイルス	TEV	HC-Pro	ds-siRNA 結合，dsRNA 生成阻害
クロステロウイルス	BYV	P21	dsRNA 結合
	CTV	P20	サイレンシングシグナルの長距離移行阻害
ククモウイルス	CMV	2b	AGO タンパク質の機能阻害，サイレンシングシグナルの長距離移行阻害
ポテックスウイルス	PVX	P25	サイレンシングシグナルの長距離移行阻害
ダイアンソウイルス	RCNMV	p27＋p88＋ウイルス RNA	サイレンシング因子の利用による抑制？
カーモウイルス	TCV	P38	dsRNA 結合＋ds-siRNA 結合

ds；二本鎖

の CP などウイルスの増殖に必須のタンパク質である場合とククモウイルスの 2b タンパク質，ポティウイルスの HC-Pro など増殖には必須ではないが病原性に関わる遺伝子の場合がある．いずれの場合でもウイルスの RNA サイレンシングサプレッサータンパク質はウイルス感染による病徴発現に深く関与していると考えられる．これらのサプレッサーの作用機作（RNA サイレンシング抑制機構）も多様である．代表的なウイルスの RNA サイレンシングサプレッサーとその機能を表 10.2 にまとめた．

1）ポティウイルス（HC-Pro）

HC-Pro は最初に同定されたサプレッサーである．HC-Pro は二本鎖の siRNA と miRNA に結合し，siRNA あるいは miRNA が RISC に取り込まれる過程を阻害する．ポティウイルス感染による病徴の一部は HC-Pro による miRNA 経路の阻害によると考えられる．一方，HC-Pro によって発現誘導されるカルモジュリン関連タンパク質（rgs-CaM）がタバコにおいて同定された．rgs-CaM は HC-Pro と相互作用し，かつ，RNA サイレンシング抑制活性をもつ．

2）トムブスウイルス（P19）

tomato bushy stunt virus（TBSV）の P19 は，立体構造が決定されており作用機作の詳細が明らかにされているサプレッサーである．P19 は分子間で二量体を形成し 21 塩基の二本鎖 siRNA に特異的に結合することで，siRNA の RISC への取り込みを阻害すると考えられている．

3）クロステロウイルス（P20/P21/P22，P23，CP）

beet yellow virus（BYV）の P21 は，二本鎖 siRNA および二本鎖 miRNA

に結合する．citrus tristeza virus（CTV）は P20，P23 と CP の 3 つのサプレッサーをもつ．P20 と CP は RNA サイレンシングシグナルの全身移行を阻害するが，P23 は阻害しない．また，P20 と P23 は局所的に誘導された RNA サイレンシングを抑制できるが，CP は局所的に誘導された RNA サイレンシングを抑制できない．BYV-P21 と CTV-P20 のホモローグである beet yellow stunt virus の P22 もサプレッサー活性をもつ．

4）ダイアンソウイルス（p27＋p88＋ウイルス RNA）

red clover necrotic mosaic virus（RCNMV）は二分節の一本鎖プラスセンス RNA（RNA1，RNA2）をゲノムとしてもつ．RNA1 には複製酵素成分（p27 と p88）と CP が，RNA2 には MP がコードされている．いずれのタンパク質にも RNA サイレンシング抑制活性は認められない．しかし，単独で複製可能な RNA1，あるいは複製酵素成分の p27 と p88 と RNA2 で RNA サイレンシングが抑制される．この場合，RNA サイレンシング抑制活性と RCNMV 複製が正に相関することから，RCNMV は RNA サイレンシング関連因子を複製複合体に転用し，その結果，RNA サイレンシングを抑制する可能性が考えられる．

5）ベゴモウイルス（AC2/C2，AC4）

DNA をゲノムとしてもつベゴモウイルスの CP mRNA と MP mRNA の転写活性化タンパク質（AC2/C2 と AC4）がサプレッサーとして同定された．DNA ウイルスがなぜ RNA サイレンシングを抑制する必要があるのかその理由は明らかでないが，環状一本鎖 DNA ゲノムの正および負方向にコードされた遺伝子の mRNA の 3′ 端領域は相補的配列をもち，そこで形成された二本鎖 RNA が RNA サイレンシングを誘導すると考えられる．

6）ククモウイルス（2b）とポテックスウイルス（p25）

下位葉で誘導された RNA サイレンシングが上位葉に伝達される現象が，外来性遺伝子を発現する形質転換植物で観察される．この全身移行性シグナルの本体は，RNA サイレンシングの配列特異性という特徴を維持することができ，かつ植物内を移動できるという特徴をもつことから，シグナルは RNA であろうと考えられる．cucumber mosaic virus（CMV）の 2b や potato virus X（PVX）の P25 は，RNA サイレンシングの全身移行を抑制する．なお，CMV の 2b は AGO1 と直接相互作用し，RISC における AGO1 の RNA 切断活性を阻害する．その結果，RNA サイレンシングと miRNA 系を抑制すると考えられる．

c. クロスプロテクション

ウイルスに感染してマイルドな病徴を示す植物が近縁種のウイルスのさらなる感染に対して抵抗性を示すことが知られている．たとえば，PVXのマイルド系統に感染したタバコはPVXの強毒株に対して強い抵抗性を示すが，TMVやpotato virus Y（PVY）に対しては通常の感受性を示す．このような現象は，クロスプロテクションと呼ばれる．病徴がマイルド，あるいは病徴をほとんど誘導しないウイルス株は，弱毒株（attenuated strain）と呼ばれ，ウイルス病コントロールのためのワクチンとして実用化されている．

クロスプロテクションの機構については，近縁ウイルス間での脱外被や複製での競合，あるいは抗ウイルス因子の生成などが考えられてきたが，今日ではRNAサイレンシング機構説がもっとも有力である．

ポティウイルス，TEVのCP遺伝子を組み込んだ形質転換タバコにTEVを接種すると，TEV感染によって激しい病徴が誘導されるが，上位葉において病徴が現れずTEVが検出されない現象が観察された．この現象は，ウイルスに全身感染した自然界の植物でしばしば観察される無病徴葉が出現するリカバリー現象と類似していた．形質転換体のリカバリー葉はTEVのチャレンジ接種に抵抗性を示したが，別のポティウイルスであるPVYを新たに接種するとPVY感染による病徴は誘導された．また，リカバリー葉では導入したCP遺伝子に対してRNAサイレンシングが誘導されていることがわかった．その後，ネポウイルスやカリモウイルスに感染した野生型植物のリカバリー葉も感染しているウイルスとその近縁ウイルスに抵抗性を示し，この抵抗性がRNAサイレンシング機構によることがわかった．

d. 混合感染による病徴の変化

自然界では，植物がいくつかのウイルスに混合感染している場合が多々見られる．ポティウイルスとPVXとの混合感染で見られるように，通常，多種ウイルスの混合感染では病徴が激化する．ポティウイルスとPVXの場合，ポティウイルスの増殖量は変わらないが，PVXの増殖量はPVX単独感染のときの3～10倍になる．混合感染における病徴激化とPVX増殖量の増加にはポティウイルスのHC-Proが関与する．HC-ProがRNAサイレンシングを抑制することでPVXなどの混合感染ウイルスの増殖量と病原性が増大したために病徴の激化が起こると考えられる．

10.5　その他の抵抗性

シロイヌナズナのエコタイプの TEV に対する感受性検定から TEV の長距離移動に影響する遺伝子として *RTM1* と *RTM2* がポジショナルクローニングにより同定された．*RTM1* と *RTM2* はそれぞれレクチン様タンパク質と低分子ヒートショック様タンパク質をコードしており，両遺伝子が本抵抗性には必要とされる（表 10.1）．本抵抗性は TEV に特異的であるが，通常の過敏感反応は伴わない．本抵抗性の機構については明らかでない．　〔奥 野 哲 郎〕

参 考 文 献

Hull, R. (2002): *Matthews' plant Virology, 4th ed*. Academic Press.

Li, F. and Ding, S-W. (2006): Virus counterdefense: Diverse strategies for evading the RNA-silencing immunity. *Annu. Rev. Microbiol*. **60**, 503-53.

11. ウイルスの伝染

植物ウイルスの伝染は，1）汁液や接触による伝染，2）種子や栄養繁殖器官を通した伝染，3）媒介生物による伝染に分けられる．植物ウイルスでは，動物ウイルスのように，ウイルス粒子表面のタンパクが，宿主細胞表面の受容体に吸着してから侵入する過程はない．汁液伝染では，植物細胞壁にできた傷口からウイルスが細胞内に侵入する．また吸汁昆虫による伝染では，ウイルスは口針を通して植物師部細胞に注入される．

植物ウイルス病では，伝染経路を断つことがもっとも有効な防除法であるため，ウイルスの伝染法を理解することは重要である．

11.1　汁液や接触による伝染

ウイルス感染植物の汁液が，植物細胞壁の傷口から侵入して感染が成立することを汁液伝染（sap transmission）あるいは，機械伝染（mechanical transmission）と呼ぶ．圃場では，農作業や農機具による傷を介して感染植物から汁液伝染するといわれている．

人工汁液接種は，実験的にウイルスを伝染する方法として広く用いられている．感染した葉に，0.1M リン酸緩衝液（pH7.4）などを適量加えて，乳鉢で磨砕して汁液を調整し，これを健全な試験植物の葉に，ガーゼ，綿棒や指を使って擦り付けることでウイルスを伝染させる．接種前に，あらかじめ葉の表面にカーボランダム（carborundum，400〜600mesh）を振りかけておくと，擦り付けるときに傷口ができやすくなり感染率が高くなるので，必ず行う．植物汁液中には，ウイルスの酸化を促進する物質が多く含まれているため，場合によっては磨砕液を調整して1時間もしないうちにウイルスが不活化して，伝染が起きなくなることがある．この場合は，酸化防止剤（アスコルビン酸），還元剤（2-メルカプトエタノール），キレート剤（sodium diethyldithiocarbamate；DIECA）などを緩衝液に添加すると改善される．また植物によっては，感染阻害物質を多く含んでいることがある．たとえば，アカザの感染葉を数倍（g/ml）の緩衝液で磨砕すると，ウイルスは同じアカザには感染しても，他属の植物には伝染しない．この場合は，汁液をさらに希釈すると阻害効果をなくすことができる．さらに，植物によっては，多くのポリフェノール物質を含む．この場合は，ポリビニルピロリドン（polyvinylpyrroridone；PVP，分子量 40000）を，またタンニンを含む場合は，ニコチンを緩衝液に添加すると伝染率が大きく改善する．

11.2　接ぎ木伝染

台木か接ぎ穂がウイルスに感染していると，癒合した部分の維管束組織を通じてウイルスが伝染する．種子潜伏ウイルス（Alphacryptovirus と Betacryptovirus）以外のすべての植物ウイルスは，接ぎ木で伝染する．したがって，ウイルスの伝染方法が不明なときや，人工汁液接種や媒介生物による伝染が困難な場合には，まず接ぎ木で伝染させてみる．果樹では，感染樹でのウイルス濃度と分布が季節により偏りがあることや，葉に感染阻害物質を多く含まれることがあるので，たとえ汁液伝染可能なウイルスであっても，ウイルスを汁液接種で分離することは困難である．このようなときに，接ぎ木伝染法によるウイルスの検出や分離は有効である．果樹では，そのウイルスに特徴的で明瞭な病徴を表す品種を接ぎ穂に使って検定する．この場合の接ぎ穂は指標植物（indicator plant）と呼ばれる．

リンゴ，カンキツ，ブドウなどの果樹栽培では，生育旺盛な台木に栽培品種を接ぎ穂として接ぐので，ウイルスの接ぎ木伝染は防除のうえで重要な伝染方法となる．とくに，台木でウイルスが病徴を表さずに潜伏感染しているとき，そのことに気がつかずに感受性の栽培品種と接いで大きな被害を出すことがある．リンゴの高接ぎ病では，これとは逆に栽培品種に潜伏感染したウイルスが接ぎ木を通して感受性の台木に感染し，台木が衰弱するために接いだ栽培品種が枯死に至る．

実験的な接ぎ木の方法としては，感染植物と健全植物の茎を削って合わせる「呼び接ぎ」も行われる．

11.3　種子・花粉伝染

花粉や胚を通して，ウイルスが次世代に伝染することをいう．伝染率は，ウイルスと宿主植物の組合せで異なるが，花粉からウイルスが検出されるからといって，必ずしも種子を通してウイルスが伝染することはない．インゲンでは，生育の早い段階でインゲンマメモザイクウイルスが感染するほど，種子伝染率は高くなる．

また，キュウリ緑斑モザイクウイルスでは，種皮にウイルスが存在し，発芽するときに機械的にウイルスが伝染する．

汚染した種子を圃場に播くと，媒介生物によってウイルスが伝染して，さらに感染植物を多くする．これより種子を採取すると次世代の種子汚染はさらに広がる．

種子潜伏ウイルスでは，胚と花粉を通して種子伝染し，ほかの方法では伝染しない．接ぎ木伝染すらしない理由は，おそらくウイルスが細胞間移行能力をもっていないためだといわれている．

11.4 栄養繁殖器官による伝染

ウイルスに感染している作物を栄養繁殖や組織培養で繁殖させると，その子孫やクローンはすべてウイルスに汚染することになる．したがってジャガイモ，球根類，クローン繁殖するイチゴや果樹などでは重要なウイルス伝染方法である．こうした作物では，ウイルスフリー化して繁殖，配布する苗生産体制をとる必要がある．ウイルスフリー化には，成長点培養したり，汚染苗をウイルス検定で取り除き選抜する方法がとられる．

11.5 媒生物を必要とする伝染

a. 菌類による媒介

表 11.1 にあるように，3 属の土壌生息菌がウイルスを媒介する．菌がウイルスを獲得する方法には 2 通りある（Rochon *et al*., 2004）．1 つは，植物体外で遊走子にウイルスが付着して獲得されるもので，休眠胞子の中ではウイルスは見つからない（*in vitro* transmission）．2 つ目は，植物体内で菌が生育する過程でウイルスを獲得するもので，このときは休眠胞子内にウイルス粒子が存在する（*in vivo* transmission）．

Olpidium 属菌が媒介する *Necrovirus* 属や *Tombusvirus* 属のウイルスでは，ウイルスが遊走子の表面に付着できるかどうかで媒介の特異性が決まっている．タバコネクロシスウイルス（*Tobacco necrosis virus-A* と *Tobacco necrosis virus-D*）は，*O. brassicae* の遊走子に付着し，遊走子は媒介能力を獲得するが，*Cucumber necrosis virus* は遊走子に付着できず本菌では媒介されない．逆に，*Cucumber necrosis virus* は *O. bornovanus* の遊走子に付着して媒介されるが，

表 11.1 菌類で媒介されるウイルスの種類

菌の種類	代表的なウイルス	ウイルスの属	伝搬様式
Olpidium bornovanus	*Cucumber necrosis virus*	*Tombusvirus*	*In vitro* transmission
	Cucumber leaf spot virus	*Aureusvirus*	*In vitro* transmission
	Melon necrotic spot virus	*Carmovirus*	*In vitro* transmission
	Red clover necrotic mosaic virus	*Dianthovirus*	*In vitro* transmission
O. brassicae	*Tabacco necrosis virus-A*	*Necrovirus*	*In vitro* transmission
	Mirafiori lettuce virus	*Ophiovirus*	*In vivo* transmission
	Lettuce big vein virus	*Varicosavirus*	*In vivo* transmission
	Tobacco stunt virus	*Varicosavirus*	*In vivo* transmission
Polymyxa graminis	*Barlye yellow mosaic virus*	*Bymovirus*	*In vivo* transmission
	Wheat yellow mosaic virus	*Bymovirus*	*In vivo* transmission
	Rice necrosis mosaic virus	*Bymovirus*	*In vivo* transmission
	Peanut clump virus	*Pecluvirus*	*In vivo* transmission
	Soilborne wheat mosaic virus	*Furovirus*	*In vivo* transmission
P. betae	*Beet necrotic yellow vein virus*	*Benyvirus*	*In vivo* transmission
	Beet soilborne virus	*Pomovirus*	*In vivo* transmission
Spongospora subterranea	*Potato mop top virus*	*Pomovirus*	*In vivo* transmission

タバコネクロシスウイルスはこの菌の遊走子に吸着できないので媒介されない．この特異性はウイルスの外被タンパクが決定している．

b. 線虫による媒介

ドリライムス目（Dorylaimida）の線虫が *Tobravirus* 属と *Neovirus* 属および *Strawberry latent ringspot virus*（*Sadwavirus* 属），*Cherry rasp leaf virus*（*Cheravirus* 属）を媒介する（Brown *et al.*, 1995）．これらは，植物外部寄生線虫で，長い口針をもっている（図 11.1）．

Tobravirus 属のウイルスは，*Trichodorus* 属と *Paratrichodorus* 属の線虫で媒介される．吸汁されたウイルスは口針にとどまり，唾線からの分泌物の作用によって放出され，植物体内に送り込まれる．ウイルスは経卵伝染せず，また線虫体内で増殖する証拠はないが，虫体内で何ヶ月も保持されて媒介される．媒介する線虫とウイルスの間で媒介特異性がみられる．*Tobravirus* 属のウイルスのゲノムは RNA1 と RNA2 の 2 分節より構成されており，RNA1 は複製と移行に関与する遺伝子をコードしており，RNA2 は外被タンパクとその下流に非構造タンパクとして P2b と P2c をコードしている．媒介ウイルスと非媒介ウイルス分離株の遺伝的再集合実験から，外被タンパクと P2b が媒介とその特異性に関与することが明らかとなった．P2b を欠失すると，線虫媒介性を失うがウイルス複製には影響しない．

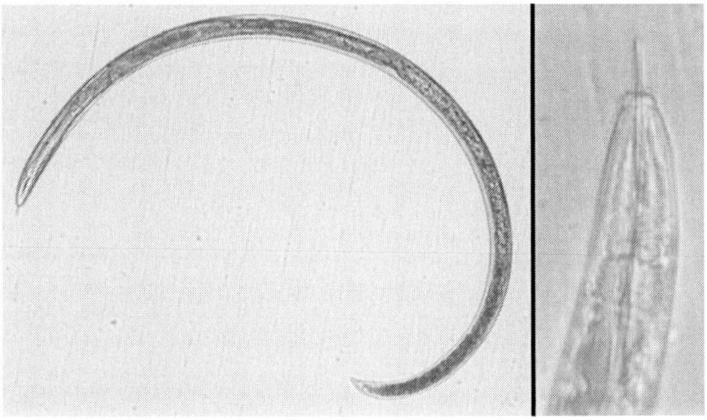

図 11.1　オオハリセンチュウ（*Xiphinema* spp.）
ドリライムス目（Dorylaimida）ロンギドルス科（Longidoridae）に属する線虫で体長は 1.5〜2.5 mm．右の図は口針の部分を拡大したもの．（植原健人氏提供）

Nepovirus 属のウイルスは，*Xiphinema* 属，*Longidorus* 属，および *Paralongidorus* 属の線虫で媒介される．

c. ダニによる媒介

Rymovirus 属，*Trichovirus* 属と *Tritimovirus* 属のウイルスがフシダニ科（Eriophidae）のダニによって媒介される．体長が 90〜300 μm と非常に小さく，扱いにくいので，媒介様式の研究があまり進んでいない．その中でも *Wheat streak mosaic virus* の *Eryophyes*（*Aceria*）*tulpae* による媒介様式が比較的よく研究されている（Oldfield, 1970）．それによると，ダニを感染植物に 10 分間おいてもウイルスを媒介しないが，15 分間の獲得吸汁でわずかに媒介するようになり，以後時間が長くなるにしたがって媒介率が高くなる．一度獲得されたウイルスは少なくとも数日間ダニで保持され，媒介される．

d. 昆虫による媒介

ウイルスが吸汁昆虫でどのように媒介されるか，以下のような実験で決められる．まずウイルスを保毒していない昆虫をウイルス感染植物に一定時間放飼して，吸汁行動によってウイルスを獲得させる．もしも秒単位でウイルス獲得時間を決める場合は，よく虫を 1 頭ずつ観察して吸汁時間を計測して，吸汁活動を一定の時間行った後にそれぞれの虫を個体別に検定植物に移して媒介率を調べる．

虫がウイルスを獲得してから媒介するようになるまでの時間を虫体内潜伏期間と呼ぶ．これを調べるためには，ウイルスを獲得した虫を1頭ずつ個体別に免疫植物（ウイルスに感染しない植物）に移す．免疫植物上で一定時間飼育した後に検定植物に移して接種を行いウイルスの感染を調べて虫体内潜伏期間を決める．接種に必要な時間を調べるときには，接種植物にさまざまな時間放飼して，ウイルス感染を調べる．さらに昆虫がウイルス媒介能力を保持する期間を保毒時間と呼ぶ．一度ウイルスを獲得して潜伏期間を経た虫を，検定植物上で一定時間接種吸汁させてから，次の新しい検定植物に移してゆく操作を虫が死ぬまで繰り返す．どの検定植物まで感染するか調べれば，ウイルスを媒介する能力をいつまで保持しているか明らかにできる．昆虫で媒介されるウイルスの伝染様式は4つに分けられ，それぞれ獲得時間，潜伏期間，ウイルス保毒時間に特徴がある．非循環型・非永続性では，ウイルスを感染植物から獲得すると直ちにウイルスを媒介できるようになり，数分から数時間後には媒介能力を失う．非循環型・半永続性では，ウイルスを獲得すると直ちにウイルスを媒介でき，媒介能力を数時間から数日間保持する．循環型・非増殖性では，ウイルスを獲得すると，数時間から数日の潜伏期間を経てはじめてウイルスを媒介し，数日から数週間後には媒介能力を失う．この場合に，ウイルスが媒介昆虫体内で増殖している証拠はない．循環型・増殖性では，ウイルス獲得後，数日から2週間程度の潜伏期間を経てウイルスを媒介できるようになり，しかもその昆虫は終生媒介能力を保持している．ウイルスによっては，経卵伝染する．

1）コナジラミ

タバココナジラミ（*Bemisia tabaci*）（図11.2）は200種類以上のウイルスを媒介し，そのうち90%は，*Begomovirus* 属のジェミニウイルスである．ジェミニウイルスは循環型・非増殖性伝染する．ほかに，*Ipomovirus* 属のウイルスが媒介される．そのなかで，*Sweet potato mild mottle virus* は非循環型・非永続性伝染する．*Crinivirus* 属のウイルスは，*Bemisia* 属や *Trialeurodes* 属のコナジラミによって非循環型・半永続性伝染する．

日本では，*Begomovirus* 属のトマト黄化葉巻ウイルス（*Tomato yellow leaf curl virus*）によるトマト黄化葉巻病（上田，2007）や，オンシツコナジラミ（*Trialeurodes vaporariorum*）によって媒介される *Crinivirus* 属のキュウリ黄化ウイルス（*Cucumber yellows virus*）によるキュウリ黄化病が発生している．

図 11.2 タバココナジラミ（*Bemisia tabaci*）（上田重文氏提供）

図 11.3 ミナミキイロアザミウマ（*Thrips palmi*）の雌成虫（津田新哉氏提供）

2) アザミウマ

アザミウマは，体長 1〜2 mm 程度でアザミウマ目（Thysanoptera）の昆虫の総称である（図 11.3）．ネギアザミウマ（*Thrips tabaci*）やミカンキイロアザミウマ（*Frankliniella occidentalis*）などがトマト黄化えそウイルス（*Tomato spotted wilt virus*；TWSV）を媒介する．伝染様式は，循環型・増殖性で，アザミウマの幼虫が TSWV を獲得したときに，成虫になってウイルスを媒介するが，成虫が獲得した場合は，ウイルスは媒介されない．

3) コナカイガラムシ

Vitivirus 属の *Grapevine virus A* と *Grapevine virus B* は，*Pseudococcus* 属と *Planococcus* 属のコナカイガラムシによって媒介される．また *Heliococcus bohemicus* と *Phenacoccus aceris* は，*Ampelovirus* 属の *Grapevine leafroll-as-*

sociated virus 1 と *Grapevine leafroll associated virus 3* を半永続性媒介する．

4) ハ ム シ

ハムシ（甲虫）は，咀食口をもつ昆虫で，鞘翅目（Coleoptera）のハムシがウイルスを媒介する．*Comovirus* 属，*Tymovirus* 属，*Bromovirus* 属，*Sobemovirus* 属のウイルスが媒介される．獲得後，ハムシは数日から2〜3週間ウイルスを媒介する．

5) アブラムシ

多くのウイルスが，さまざまなアブラムシによって伝染し，その伝染様式も多様である（図11.4，表11.2）．

Potyvirus 属のウイルスは，アブラムシで非循環型非永続性伝染する．1970年代から純化したウイルスを膜吸汁法でアブラムシに吸わせても媒介されず，これに，超遠心してウイルスを除いた感染葉抽出液を加えると媒介されるようになることから，外被タンパクに加えてほかのウイルスタンパクが伝染に必要なことがわかっていた．その後，ウイルスのゲノム塩基配列が解析できるようになって，アブラムシによる媒介能力をなくしたウイルスとのゲノム比較から，外被タンパクのN-末端にある-Asp-Ala-Gly-または-Asn-Ala-Gly配列（図11.5）が媒介に必要な保存配列であることが明らかになり，さらに，*HC-Pro* 遺伝子産物も必要であることが明らかにできた．これまでの研究から，次の伝搬機構が推定されている．すなわち，吸汁されたウイルスは，HC-Proタンパクが吸着した口針に，外被タンパクのN-末端がこれに結合するかたちでとどまる．アブラムシは吸汁行動を取るときに，唾線からでる分泌物を植物に注入する．この分泌物がHC-Proと外被タンパクの結合を切り離して，ウイルスは植物に注入されると考えられている．

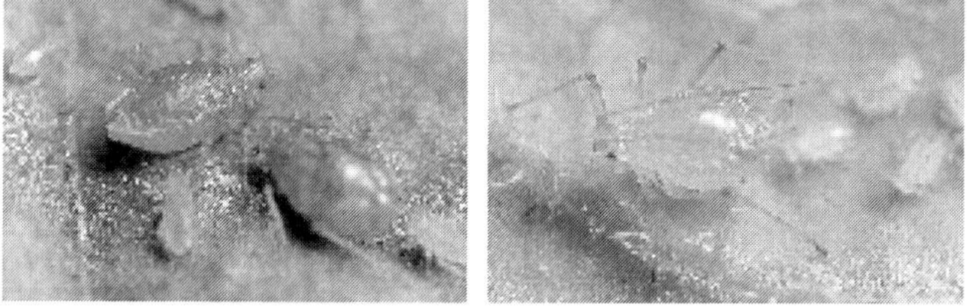

図11.4 モモアカアブラムシ（*Myzus persicae*）（左）とジャガイモヒゲナガアブラムシ（*Aulacorthum solani*）（右）（北海道防除提要より転載）

表 11.2 アブラムシとウンカ・ヨコバイで媒介されるウイルス

媒介生物	代表的なウイルス	ウイルスの分類		主な媒介生物		媒介様式
		科	属	学名	和名	
アブラムシ	*Potatovirus Y*	*Potyviridae*	*Potyvirus*	*Myzus persicae*	モモアカアブラムシ	非循環型・非永続性
	Potatovirus S		*Carlavirus*	*Myzus persicae*	モモアカアブラムシ	非循環型・非永続性
	Cucumber mosaic virus	*Bromoviridae*	*Cucumovirus*	*Myzus persicae*	モモアカアブラムシ	非循環型・非永続性
	Alfalfa mosaic virus	*Bromoviridae*	*Alfamovirus*	*Myzus persicae*	モモアカアブラムシ	非循環型・非永続性
	Broad bean wilt virus 1	*Comoviridae*	*Fabavirus*	*Myzus persicae*	モモアカアブラムシ	非循環型・非永続性
	Cauliflower mosaic virus	*Caulimoviridae*	*Caulimovirus*	*Myzus persicae*	モモアカアブラムシ	非循環型・非永続性
	Anthriscus yellows virus	*Sequiviridae*	*Waikavirus*	*Cavariella aegopodii*	ニンジンフタオアブラムシ	非循環型・半永続性
	Strawberry mottle virus		*Sadwavirus*	*Chaetosiphon* spp.		非循環型・半永続性
	Beet yellows virus	*Closteroviridae*	*Closterovirus*	*Myzus persicae*	モモアカアブラムシ	非循環型・半永続性
	Potato leafroll virus	*Luteoviridae*	*Polerovirus*	*Myzus persicae*	モモアカアブラムシ	循環型・非増殖
	Barley yellow dwarf virus-PAV	*Luteoviridae*	*Luteovirus*	*Rhopalosiphum padi*	ムギクビレアブラムシ	循環型・非増殖
	Pea enation mosaic virus	*Luteoviridae*	*Enamovirus*	*Acrythosiphom pisum*		循環型・非増殖
	Lettuce necrotic yellows virus	*Rhabdovridae*	*Cytorhabdovirus*	*Hyperomyces lactucae*		循環型・増殖性
	Sonchus yellow net virus	*Rhabdoviridae*	*Nucleorhabdovirus*	*Aphis coreopsidis*		循環型・増殖性
ウンカ	*Rice black streaked dwarf virus*	*Reoviridae*	*Fijivirus*	*Laodelphax striatellus*	ヒメトビウンカ	循環型・増殖性
	Rice ragged stunt virus	*Reoviridae*	*Oryzavirus*	*Nilaparvata lugens*	トビイロウンカ	循環型・増殖性
	Northern cereal mosaic virus	*Rhabdoviridae*	*Cytorhabdovirus*	*Laodelphax striatellus*	ヒメトビウンカ	循環型・増殖性
	Rice stripe virus		*Tenuivirus*	*Laodelphax striatellus*	ヒメトビウンカ	循環型・増殖性
ヨコバイ	*Rice tungro spherical virus*	*Sequiviridae*	*Waikavirus*	*Nephotettix virescens*	タイワンツマグロヨコバイ	非循環型・半永続性
	Maize streak virus	*Geminiviridae*	*Mastrevirus*	*Cicadulina mbila*		循環型・非増殖性
	Beet curly top virus	*Geminiviridae*	*Curtovirus*	*Circulifer tenellus*	テンサイヨコバイ	循環型・非増殖性
	Tomato pseudo-curly top virus	*Geminiviridae*	*Topocuvirus*	*Micrutalis malleifera*		循環型・非増殖性
	Rice dwarf virus	*Reoviridae*	*Phytoreovirus*	*Nephotettix cincticeps*	ツマグロヨコバイ	循環型・増殖性
	Rice transitory yellowing virus	*Rhabdoviridae*	*Nucleorhabdovirus*	*Nephotettix cincticeps*	ツマグロヨコバイ	循環型・増殖性

TVMV	SDTVDAGKDKARDQKLADKPTLAIDRTKDKDVNTGTSG--
TEV	SGTVDAGADAGKKKDQKDDKVAEQASKDRDVNAGTSG--
LMV	VDTKLDAGQGSKNDDKQKSSADSKDNVITEKGSGSGQVRKDDDINAGLHG--
PVY	ANDTIDAGGSNKKDAKPEQGSIQPNPNKGKDKDVNAGTSG--
BCMV	SGSGHPPPPVVDAGVDTGKDKKDKSSRGKDPENKEETRNNSRGTENPTMRDKDVNAGSRG--
SMV	SGKEKEGDMDAGKDPKKSTSSSKGAGTSSKDVNVGSKG--

図 11.5　*Potyvirus* 属ウイルス外被タンパクの多くで共通して保存されているアブラムシ媒介に重要な N-末端アミノ酸配列（下線部）．
この配列がなくてもアブラムシで伝搬するウイルスはあるが，それらのウイルスにも相同な配列があると想定されている．また，この共通配列の前後に変異を導入すると，アブラムシ媒介率に影響があるので，この配列のみで媒介性が決まっているわけではない．
TVMV：tobacco vein mottling virus（NC_001768）　TEV：tobacco etch virus（NC_001555）　LMV：レタスモザイクウイルス（NC_003605）　PVY：ジャガイモウイルス Y（NC_001616）　BCMV：インゲンモザイクウイルス（DQ 666332）　SMV：ダイズモザイクウイルス（S 42280）．
（　）内はデータベースの塩基配列登録番号

表 11.3　オオムギ萎黄ウイルス系統間にみられるアブラムシ伝搬の種特異性（出典：三瀬和之，上田一郎　植物ウイルスの全身移行と伝搬，細胞工学別冊 植物細胞工学シリーズ 19，178 ページ（2004））

アブラムシの種類	BYDV MAV 系統				BYDV RPV 系統			
	媒介能	ウイルスの検出部位			媒介能	ウイルスの検出部位		
		血体腔	副唾腺基底層	唾腺腔		血体腔	副唾腺基底層	唾腺腔
Rhopalosiphum padi	×[1]	○	×[2]	×	○	○	○	○
Sitobion avenae	○	○	○	○	×	○	○	×
Metopolophium dirhodum	○	○	○	○	×	×	×	×

1：ごくまれに媒介する
2：純化ウイルスを体内に注射すると低率ながら検出される

Luteovirus 属のウイルスは，循環型非増殖性伝染する．オオムギ萎黄ウイルス（*Barley yellow dwarf virus*；BYDV）は，その系統によって媒介するアブラムシの種が異なる（表 11.3）．その特異性に関する研究からウイルス媒介の機構が明らかにされている．BYDV-MAV 系統は，ムギヒゲナガアブラムシ（*Sitobion avenae*）で，また BYDV-RPV 系統はムギクビレアブラムシ（*Rhopalosiphum padi*）によって媒介され，その逆の組合せでは媒介されない．ところが，両ウイルスの混合感染植物からムギクビレアブラムシは MAV と RPV の両系統を媒介した．その理由は，外被タンパクが媒介の特異性を決めており，混合感染すると MAV のゲノムが RPV の外被タンパクをもつ粒子に取り

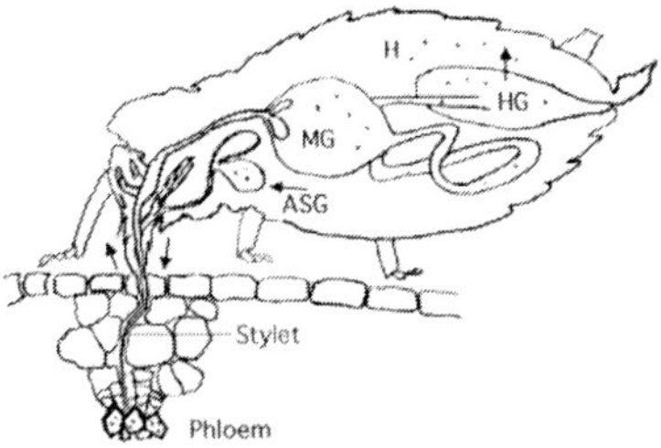

図 11.6 循環型ウイルスのアブラムシ体内移行の様子
矢印は，ウイルスの循環経路を示す．MG：中腸，HG：後腸，H：血体腔，ASG：副唾腺，Stylet：口針
（出典：上田一郎，玉田哲男　植物ウイルスと媒介生物の相互関係，細胞工学別冊 植物細胞工学シリーズ 8，156 ページ（1997）の図 6 を改変）

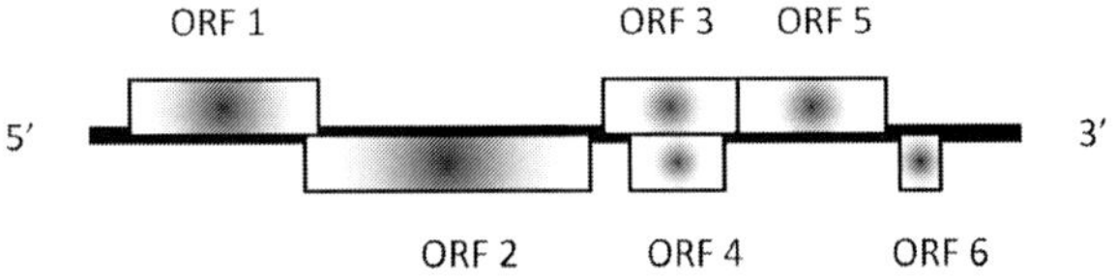

図 11.7 大麦萎縮ウイルス（*Barley yellow dwarf virus*）ゲノムの遺伝子構成
ORF3 および，ORF の 3 の読み過ごしで ORF5 と融合したタンパクが外被タンパクを構成する．ORF1 はヘリカーゼモチーフ，ORF2 は ORF1 のフレームシフトで融合タンパクを生じて RNA 依存 RNA ポリメラーゼとなる．ORF4 は移行タンパクと推定されている．ORF6 の機能は不明．

込まれて，ムギクビレアブラムシによって媒介されるからである．

ウイルスがどのようにアブラムシ体内を循環して媒介されるかは，BYDV を獲得したアブラムシを，電子顕微鏡で詳細に観察して明らかになった（Gray and Gildow，2003）．吸汁されたウイルスは，後腸（hindgut）の上皮細胞を通過して，血体腔（hemocoel）に放出される．ウイルスはその後副唾腺（accessory salivary glands）細胞周辺の基底膜に取り付き，唾腺腔に移行して口針を通して再び植物の師部細胞に注入される（図 11.6）．アブラムシで媒介されない *Brome mosaic virus* や *Cowpea mosaic virus* は，腸内に観察されることはあっても，上皮細胞に付着したり，血体腔で見られることはないので，この段階で媒介が阻止されている．さらに，BYDV 系統と媒介アブラムシ種の特異性は，血体腔から唾腺腔へ通過するところで制御されている（表 11.3）．

ウイルスゲノムの塩基配列解析から外被タンパクは 2 種類からなり，2 つ目のタンパクは1つ目の読み過ごし（read through）で生じることがわかっている（図11.7）．ORF3の読み過ごしによってORF3とORF5の融合タンパクが生成する．ORF5のN-末端領域を欠失したウイルスは媒介性を失うが，ウイルスの増殖には影響がないので，この領域が媒介性に関与することがわかった．

では，この読み過ごしの領域は，ウイルス媒介性にどのように関わっているのであろうか？　1つの可能性は，腸管や副唾腺の通過に際して，これら器官の膜とウイルスタンパクが相互作用するか否かに関わっている可能性がある．もう1つの可能性は別の研究から明らかになった．ジャガイモ葉巻ウイルス（*Potato leaf roll virus*；PLRV）は*Polerovirus*属のウイルスで，BYDVと同じ*Luteoviridae*科のウイルスである．PLRVを媒介するモモアカアブラムシには，バクテリア（*Buchnera* sp.）が共生しており，バクテリアがアブラムシ体内で作るタンパクがウイルス粒子の虫体内での安定性に大きく寄与して媒介率を上げている．このタンパクは読み過ごし領域に結合することがわかっている．したがってウイルスタンパクの読み過ごし領域は，媒介性に関してアブラムシや共生バクテリアとの複雑な相互作用に関与していることが推定されている．

6）ウンカ・ヨコバイ

ウンカ（planthopper）とヨコバイ（leafhopper）は，カメムシ目（Hemiptera）のそれぞれヨコバイ科（Cicadellidae）とウンカ科（Delphacidae）の昆虫で植物汁液を吸汁する．仔虫（nymph）が数回の脱皮を繰り返して成虫（adult）になる（図11.8）．

媒介されるウイルスには，循環型増殖性のウイルスが多く含まれる（表11.2）．福士は，植物ウイルスが媒介昆虫体内で増殖することを世界ではじめて提唱した（Fukushi, 1940）．イネ萎縮ウイルス（RDV）を保毒した1頭の雌のツマグロヨコバイ（*Nephotettix cincticeps*）を，無毒の雄と交配して経卵伝染を7世代繰り返して，各世代の媒介率を調べると，どの世代も同じ効率でウイルスを媒介したので，福士はウイルスが虫の体内で増殖しているとした．イネ萎縮ウイルスは12本に分節した二本鎖RNAをゲノムとして，分子量の大きいものからS1〜S12を呼ばれる．遺伝学的な研究からウイルスの昆虫媒介性に関する分節ゲノムが特定されている．S2がコードするタンパクは，昆虫細胞の感染に必要であり，ウイルス外殻タンパクを構成して，昆虫宿主細胞表面の受容体を介して吸着するのに関与すると思われる（Zhou *et al.*, 2007）．またS10がコードするタンパクは非構造タンパクで，媒介昆虫体内で，ウイルスが隣接細胞に移行す

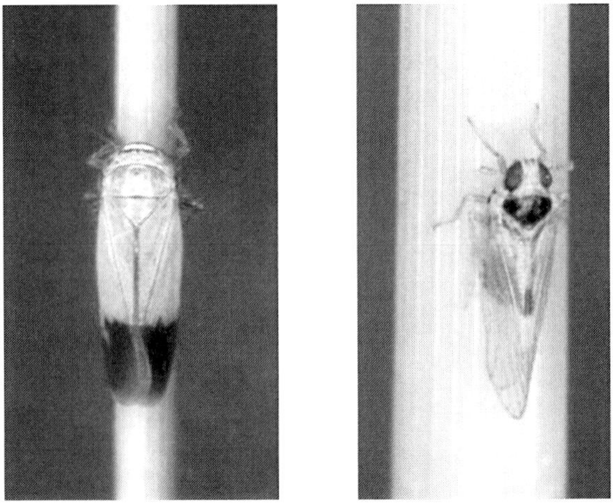

(a)　　(b)

図 11.8　(a)ツマグロ，(b)ヒメトビ
いずれも雄の成虫（大村敏博氏提供）

るのに必要である（Wei *et al.*, 2008）.

Rice tungro spherical virus（RTSV）は，タイワンツマグロヨコバイ（*N. virescens*）によって，非循環型半永続性伝染する．イネツングロ病は，このウイルスと *Rice tungro bacilliform virus*（RTBV）が混合感染して起こり，東南アジアからインドにかけてイネ栽培でもっとも恐れられている病気である．本病に感染したイネは，黄化萎縮して著しく米の収量を低下させる．RTSV の単独感染では，やや萎縮する程度で顕著な病徴は見られず，潜伏感染する．RTBV の単独感染イネは黄化症状を呈するが著しい萎縮は示さない．混合感染してはじめてツングロ病が発病する．ツングロ病を発病したイネからウイルスを獲得したタイワンツマグロヨコバイで接種試験をすると，混合感染したイネと，RTSV および RTBV にそれぞれ単独感染したイネを得ることができる．RTBV に単独感染したイネから媒介虫はウイルスを獲得することができない．RTBV は，タイワンツマグロヨコバイがあらかじめ RTSV を獲得しているか，あるいは RTSV が混合感染していないと媒介されない．また RTSV は獲得後 2〜4 日で媒介されなくなるが，RTBV は 4〜5 日後まで媒介される（Hibino, 1996）．RTSV は一本鎖 RNA をゲノムとする球形ウイルスで，RTBV は二本鎖 DNA をゲノムとする弾丸状のウイルスなので，お互いに類縁関係はまったくない．

このように，一方のウイルスが他方のウイルスに媒介性を依存しているとき，依存しているウイルスを依存ウイルス（dependent virus），媒介を助ける方のウイルスを介助ウイルス（helper virus）と呼ぶ．〔上 田 一 郎〕

参 考 文 献

D'Ann Rochon, Kishore Kakani, Marjorie Robbins and Ron Reade (2004): Molecular Aspects of Plant Virus Transmission by Olpidium and Plasmodiophorid Vectors. *Annu. Rev. Phytopath*. **42**, 211-241.

D. J. F. Brown, W. M. Robertson and D. L. Trudgill (1995): Transmission of viruses by plant nematodes. *Annu. Rev. Phytopath*. **33**, 223-249.

G. N. Oldfield (1970): Mite transmission of plant viruses. *Annu. Rev. Entomol*. **15**, 343-380.

上田重文（2007）：タバココナジラミバイタイプＱの簡易識別法．植物防疫 **61**, 309-314.

S. Gray and F. E. Gildow (2003): Luteovirus-aphid interactions. *Annu. Rev. Phytopath*. **41**, 539-566.

Fukushi, T. (1940): Further studies on the dwarf disease of rice plant. *J. Fac. Agr. Hokkaido Imp. Univ*. **45**, 83-154.

F. Zhou, Y. Pu, T. Wei, H. Liu, W. Deng, C. Wei, B. Ding, T. Omura and Y. Li (2007): The P2 capsid protein of the nonenveloped rice dwarf phytoreovirus induces membrane fusion in insect host cells. *Proc. Natl. Acad. Sci. USA*. **104**, 19547-19552.

T. Wei, T. Shimizu and T. Omura (2008): Endomembranes and myosin mediate assembly into tubules of Pns10 of Rice dwarf virus and intercellular spreading of the virus in cultured insect vector cells. *Virology* **372**, 349-356.

H. Hibino (1996): Biology and epidemiology of rice viruses. *Annu. Rev. Phytopath*. **34**, 249-274.

12. ウイルス病の診断

ウイルス病は，病原ウイルスを適切に同定して，はじめてその防除戦略を組み立てることができる．病原ウイルスの正体が明らかになれば，その伝染方法や媒介生物が特定できるので，これを断つことでウイルス病を防除できるようになる．

12.1 コッホの原則

植物で起きているある病気が，特定のウイルスで引き起こされることを証明するには，コッホの三原則を満たす必要がある．コッホの三原則をウイルスに当てはめると，1）その病気が起きているどの植物体からも，つねにそのウイルスが検出，分離される，2）健全な植物に，単離されたウイルスを接種すると，同じ病気がおこる，3）接種して発病した植物からまた，単離されたウイルスと同じウイルスが検出分離される，となる．病気は必ずしも，単一のウイルスで起きているとは限らない．たとえば，イネツングロ病の場合は，*Rice tungro spherical virus* と *Rice tungro bacilliform virus* の両方が感染しないと起こらない．また，病気によっては，コッホの三原則を満たすことが技術的に困難で，厳密にはできない場合もある．第一の条件を満たすには，ウイルスの検出や分離法が確立していなければならない．たとえば，果樹のウイルスでは，実験室でよく用いられる草本植物にウイルスを汁液接種で分離することや，昆虫で伝染することができない場合がある．この場合は，指標植物に接ぎ木で伝染することが必要である．第2の条件である単離には，ウイルスを純化することがもっとも一般的であるが，ウイルスによって純化ができないこともある．この場合は，単病斑分離や昆虫伝染試験，さまざまな宿主での継代など，ほかのいくつかの方法を組み合わせて，ウイルスの単離をしなければならない．さらに，単離されたウイルスを元の植物に，接種で感染させることが困難なこともある．とくに，媒介生物でのみ伝染して，汁液接種で伝染しないウイルスでは，純化したウイルスを元の植物に接種するために，膜吸汁法や注射法などの媒介生物にウイルスを獲得させるための特別な技術が必要となる．

12.2 ウイルス病の診断

あるウイルスの病気が圃場で発生したときには，その発生時期，圃場の中での発病の進行状況，植物個体の病気の進行状況や病徴などについて，調べる．経験豊かな専門家であれば，ある程度病気の原因ウイルスを推定することはできる．たとえば，雪解けの春先に秋播き小麦が100%病気に罹っていれば，菌類による土壌伝染性ウイルスの可能性を疑うが，アブラムシ伝染のウイルスである可能性は低い．このように，媒介生物の生態的特性を理解して，圃場での病気の発生を観察すると，媒介生物の推定から病原ウイルスをある程度推定できる．しかし，最終的な病気の原因ウイルスの特定には，科学的なウイルスの同定が必要となる．ウイルス病の診断（diagnosis）とは，ウイルスを検出（detection）して病原ウイルスを同定（identification）することである．

12.3 ウイルスの検出

a. 生 物 検 定

感受性が高く，同時にそのウイルスに特徴的で明瞭な病徴を示す植物（指標植物，indicator plant）に，接種試験を行い，ウイルスの検出が行える．接種の方法は，汁液接種が一般的であるが，これができない場合は，媒介生物を利用した接種試験や接ぎ木法が用いられる．果樹では，たとえ汁液接種可能なウイルスであっても，限られた時期の若い葉でしか汁液伝染できない場合も多いので，指標植物を被検定植物に接ぎ木してウイルスを検出する．

ウイルスの検出には，後に述べる enzyme-linked immunosorbent assay (ELISA) や polymerase chain reaction (PCR) がよく用いられるが，これらの方法は，あらかじめ検出しようとするウイルスがわかっており，かつ抗血清がすでに用意されているか，あるいはウイルスのゲノム塩基配列が決定されている場合に用いられる方法であり，未知のウイルスの検出には利用できない．生物検定法は未知のウイルスについて，その単離を試みるときに必ず行わなければならない．

b. 電子顕微鏡による検出

ウイルス粒子の検出には，植物汁液や純化ウイルス標品を観察するネガティブ染色法（図12.1）と，感染植物を固定・包埋してから観察する超薄切片法があ

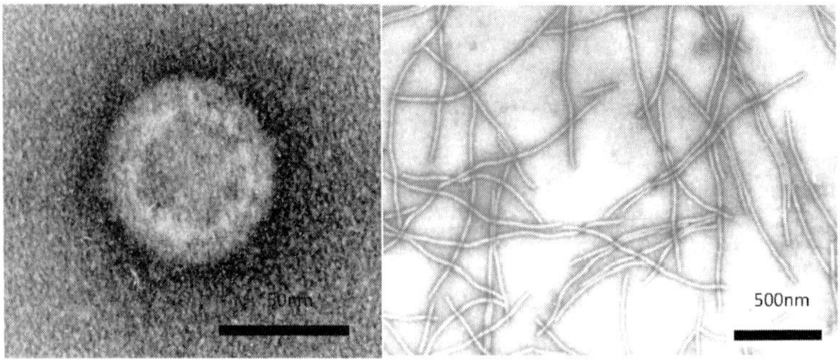

図 12.1　ネガティブ染色法で観察したイネ黒条萎縮ウイルス（左）とクローバ葉脈黄化ウイルス（右）（イネ黒条萎縮ウイルスの写真は河野伸二氏提供）

る．植物汁液をリンタングステン酸や酢酸ウラニルでネガティブ染色して観察する（DIP 法）と，棒状やひも状のウイルスを検出することができる．この方法は，直接ウイルス粒子を観察するので，1 つでもウイルス粒子が観察されれば感染の確認ができるが，一方でまったくウイルス粒子が確認できないからウイルスに感染していないとはいえない．

c．二本鎖 RNA の検出

RNA をゲノムとするウイルスでは，ゲノム複製中間体として二本鎖 RNA を形成したり，ゲノムが二本鎖 RNA であったりするので，感染植物から直接二本鎖 RNA が抽出検出できる（図 12.2）．抽出した二本鎖 RNA の検出は通常，ポリアクリルアミドゲル電気泳動で行う．とくに，果樹などでウイルスを汁液接種で単離するのが困難である場合には，有効なウイルスの検出方法となる．ポリアクリルアミドゲル電気泳動で，感染植物に特異的に検出される二本鎖 RNA があれば，それがウイルス由来である可能性が高い．しかしこれだけではウイルスの同定はできないが，二本鎖 RNA の大きさや検出されるバンドの数から想定されるウイルスの絞り込みを行い，さらに別の方法で同定を行うことができる．

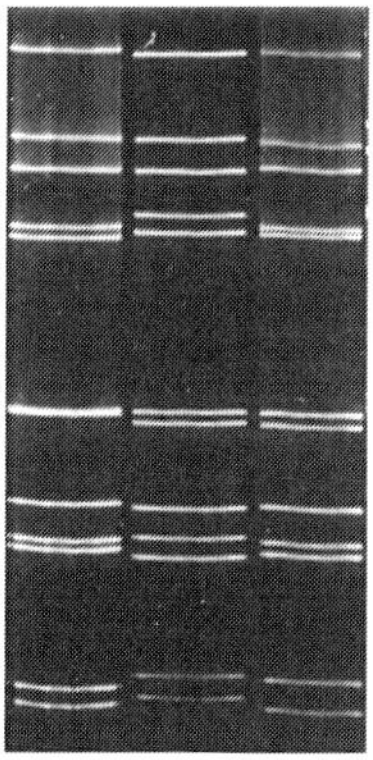

図 12.2　イネ萎縮ウイルスゲノム二本鎖 RNA のポリアクリルアミドゲル電気泳動（村尾正則氏提供）

感染イネの葉より直接二本鎖 RNA を抽出して 15%のポリアクリルアミドゲルで電気泳動した．12 本の分節ゲノムが分離している．分離株間で分節ゲノムの移動度がわずかに異なることがわかる．

12.4　抗血清を用いたウイルスの検出と同定

a. 抗血清の作成と反応の特異性

高分子のタンパクや糖鎖を注射すると，異物として認識されて，動物の体内に抗体が産生される．抗体産生を誘導する物質を抗原と呼ぶ．ウイルス粒子も高分子の外被タンパクをもっているので，抗原となる．抗体は，ウイルス抗原の数アミノ酸配列を認識してそのタンパクと結合するので，その結合は非常に特異性が高い．したがって，ある種のウイルス粒子を抗原として産生された抗体は，配列のまったく異なった外被タンパクをもつ別種のウイルスには結合しない．抗体のこの結合の特異性を利用して，ウイルス粒子の検出とさらには同定が容易にできる．

一般的には，純化したウイルス粒子を抗原として，ウサギ，マウス，ニワトリ，ヒツジ，ウマなどに注射して，力価検定で抗体産生を確認してから血液を採取する．採取した血液を凝固させて，凝固した成分をのぞいた後の透明な液体を血清とよび，抗体を含む血清を抗血清とよぶ．力価とは，抗血清中の抗体の産生量を表すもので，通常は抗血清を希釈して，抗原との結合反応が検出できなくなる希釈倍数として表示する．測定に使われる血清反応法は統一されたものではないので，抗体量の絶対的な測定値ではない．

純化が不十分なウイルス粒子を抗原として抗血清を作成すると，純化ウイルス標品中の不純物（植物の成分）に対しても抗体が産生される．こうした抗血清は，植物成分とも反応してしまうので，ウイルス病の診断には適さない．このように，ウイルスの純化が困難な場合には，大腸菌のタンパク発現用プラスミドベクターに外被タンパク遺伝子をクローニングして，発現した外被タンパクを利用することができる．市販されている種々の発現用プラスミドベクターは，一般にアフィニティークロマトグラフィーで高純度に発現タンパクを精製できるので，ウイルス外被タンパクの抗原として優れている．

個々の抗体は，数アミノ酸で形成される高次構造を認識すると考えられているので，1つのウイルス抗原には多数の認識配列が存在することになる．個々の認識される部分をエピトープ（抗原決定基）と呼ぶ．純化ウイルスや大腸菌で発現させたウイルス外被タンパク抗原を動物に注射して得られる抗体は，複数のエピトープを認識する抗体の混合物として得られるので，ポリクローナル抗体と呼ぶ．一方，1つのエピトープしか認識しない抗体をモノクローナル抗体と呼び，以下の方法で作成される．マウスにウイルス抗原を注射して，抗体を産生する脾細胞を取り出し，これとマウスのミエローマ細胞（骨髄腫細胞）を試験管の中で融合させる．ミエローマ細胞と融合することで，抗体産生細胞は永続的に培養可能な能力を獲得する．脾細胞の一つ一つは，それぞれに1つのエピトープを認識する抗体を産生するので，融合したハイブリドーマ細胞を別々に培養することでモノクローナル抗体を産生する細胞を得ることができる．個々のハイブリドーマ細胞がどのような抗体を産生するかは，一つ一つの細胞について抗体とウイルス抗原を反応させて調べないとわからない．反応性の高い抗体もあれば，低い抗体もあるので，数百のハイブリドーマ細胞の中から選抜してよいものを選ぶことになる．しかし一度反応性のよいハイブリドーマ細胞が得られれば，永続的に培養可能であるので，必要に応じていつでも無制限に抗体を得ることができるようになり，大変便利である．

b. エライザ法（ELISA）

酵素結合抗体法（enzyme-linked immunosorbent assay；ELISA）は，96穴のマイクロタイタープレートを利用して，数ng/mlの微量な抗原ウイルスを検出することができるので，開発当初よりその有効性が認められ，現在は，血清を

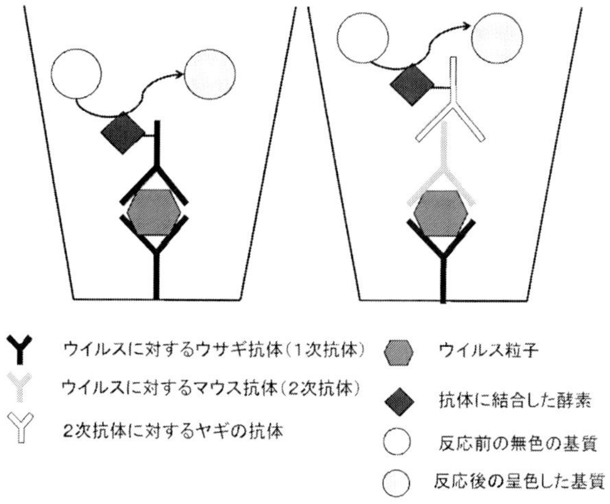

図 12.3 直接 ELISA 法（左）と間接 ELISA 法（右）

直接 ELISA 法は以下の手順で行う．

1. 96 穴のプラスティックマイクロタイタープレートを，ウイルスに対する抗体液で満たして，抗体をプラスティック表面に吸着させる．その後，緩衝液で洗浄して吸着しない抗体を取り除く．
2. 次に検定する植物の磨砕液を穴に満たす．ウイルスが存在すると抗体に結合する．抗体に結合しない植物成分などを緩衝液で洗浄して取り除く．
3. 酵素で標識されたウイルスに対する抗体液で満たして，抗体とウイルスを結合させる．
4. 酵素で標識された抗体は，ウイルスとの結合を介してプラスティック表面にとどまる．緩衝液で洗浄してウイルスに結合しない抗体を取り除く．
5. 無色の酵素基質を添加する．抗体に結合している酵素は，酵素基質と反応して呈色反応を起こす．ウイルスが存在すれば呈色反応が進み，検出できる．

間接 ELISA 法はステップ 2 までは，直接 ELISA 法と同じであるが，以後の手順が異なる．

3. 2 次抗体で穴を満たして，抗体とウイルスを結合させる．
4. 2 次抗体は，ウイルスとの結合を介してプラスティック表面にとどまる．緩衝液で洗浄してウイルスに結合しない抗体を取り除く．
5. 酵素で標識された 2 次抗体に対する抗体液で満たして，2 次抗体と結合させる．緩衝液で洗浄して結合しない酵素で標識された抗体を取り除く．
6. 無色の酵素基質を添加する．2 次抗体が存在すれば呈色反応が進み，検出できる．

利用したウイルスの検定法としてもっとも普及している．以下の 2 つの方法が現在よく利用されている．1 つ目は，二重抗体サンドイッチ法（double antibody sandwich method）と呼ばれる直接 ELISA 法（direct ELISA）の一つで（高橋，1988），Clark と Adams によって 1977 年に，植物ウイルスに世界で最初に応用された．もう 1 つは，間接 ELISA 法（indirect ELISA）と呼ばれ，2 次抗体に，1 次抗体とは別種の動物で産生された抗ウイルス抗体を用いて，さらに 2

次抗体の検出には，酵素標識された2次抗体に対する抗体を利用する（図12.3）．酵素と基質として，それぞれアルカリフォスファターゼとp-ニトロフェニールフォスフェートを組み合わせることが多い．この場合，基質が酵素によって分解され黄色となり，これを波長405 nmの吸光度で測定する．ELISAの反応では，陽性と陰性の境となる吸光度（threshold）をどこに決めるかがしばしば問題となる．抗体の質と，植物とウイルスの組合せで経験的に，決めていることが多い．また，反応に使われる抗ウイルス抗体の，植物成分に対する抗体価が高いとELISAで擬陽性が多くなるので，使用できない．

感受性の高い指標植物に汁液接種してウイルスを検出する感度には及ばないこともあるが，ELISAの検出感度は数ng/mlあるので，圃場より採集した試料からでも十分に検出できる感度をもっている．しかも一度に96試料を検定できるので，ルーティンなウイルス検定法として適している．

すでに市販されているキットを用いて行う場合は問題ないが，もし市販されているキットがないウイルスに対して，二重抗体サンドイッチ法を行う場合は，自分で抗体を酵素で標識しなければならない．一方，間接ELISAでは，2次抗体に対する酵素標識抗体は必ず市販されているので，どんなウイルスでも同じ酵素標識抗2次抗体抗体を使えるため，自前で酵素標識した抗体を用意する必要がない利点がある．

c. 免疫電顕法

電子顕微鏡観察と抗原抗体反応を組み合わせた方法である．ウイルスの検出と同定には，DIP法と血清反応を組み合わせたものが有効で，leaf dip serologyと呼ばれる．希釈した抗血清を電子顕微鏡グリッドに滴下し，ここに，感染植物の葉の切り口を浸漬してウイルスを放出させる．もしウイルスが抗体と反応すると，逆染色法による観察下でウイルス粒子の輪郭がぼけて独特の見え方をする（図12.4）．形態的に区別がつかないが，種の異なるウイルスが混合感染した植物から，この方法を使ってウイルスの同定を行うことができる．図では，インゲンモザイクウイルスが抗体と反応して太いウイルス粒子が観察される一方で，抗体と反応しないクローバ葉脈黄化ウイルスも観察されている．

一方，別の免疫電顕法では，感染植物の超薄切片を抗ウイルス抗体で処理して，さらに抗ウイルス抗体に対する抗体を金コロイド標識して反応させる．次に，電子顕微鏡下で標識抗体の金を検出することで間接的にウイルスを検出する

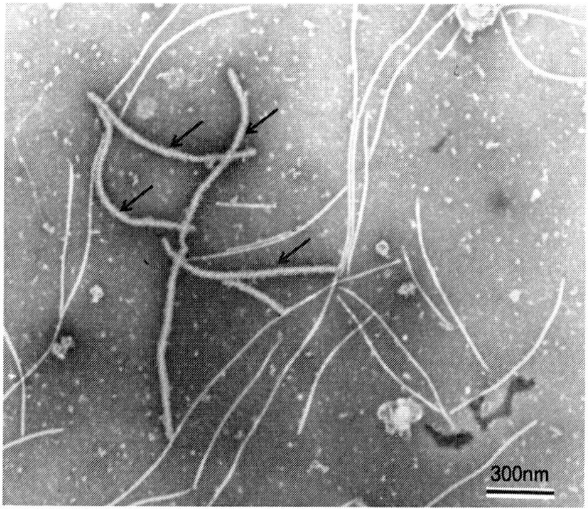

図 12.4 免疫電子顕微鏡法
インゲンモザイクウイルスとその抗血清の反応を逆染色法で観察した．反応した粒子（矢印）は反応していないクローバ葉脈ウイルスに比べて太くなっている．（萩田孝志氏提供）

（金ラベル法）．この方法は，ウイルスの細胞内局在を調べるときに用いられるもので，ウイルスの検出と同定法としては，煩雑で有効な方法ではない．

d. ウエスタンブロット法

タンパク質の SDS-ポリアクリルアミドゲル電気泳動と抗原抗体反応を組み合わせた方法である．感染植物の汁液を，SDS-ポリアクリルアミドゲル電気泳動した後で，全タンパクをナイロン膜に転写する．ナイロン膜を抗ウイルス抗体で処理して，ウイルスタンパク質を検出する．まずナイロン膜をスキムミルクなどでブロッキング処理を行い，ついで抗ウイルス抗体液に浸漬する．洗浄後，さらに抗ウイルス抗体に対する酵素標識抗体を反応させ，酵素による基質の呈色反応でウイルスを検出する．

ウイルスタンパク質がポリペプチドまで解離して電気泳動されるので，予想される分子量の位置に，バンドとして検出される．したがって，抗体が植物タンパク質と非特異反応を起こしても，バンドの位置で明瞭に反応が区別できる利点がある．このため ELISA に比べて，擬陽性の判別は容易である．検出感度も ELISA に匹敵するが，電気泳動と抗原抗体反応を組み合わせた分，操作は煩雑となり，大量の試料からウイルスを検出同定するには向かない．

12.5　核酸の検出とウイルスの同定

a. ハイブリダイゼーション

二本鎖のDNAやRNAは，加熱すると解離して一本鎖となり，これを変性(denaturation)と呼ぶ．ここで，開始してから完全に解離するまでの中間の温度が融解温度（Tm，melting temperature）である．Tmは溶液の塩濃度と核酸のGC含量に大きく左右され，一般的に0.15 MNaCl存在下で，GC含量が30%から60%の二本鎖DNAでTmは，おおよそ80℃から95℃である．DNA-DNAでは，Tmから20〜50℃，またDNA-RNAでは10〜16℃下げた温度で二本鎖がアニーリング（annealingまたはrenaturation）する．通常DNA-DNAアニーリング反応では，0.15M NaCl存在下の65℃で数時間のアニーリング反応を進めるのが一般的である．核酸の分解を抑える目的に，アニーリング温度を下げることもできる．この場合は，ホルムアミドを40〜50%になるように溶液に加えて，42℃でアニーリング反応を進める．また塩濃度が1.5 Mまでは，上昇するにつれて，二本鎖のアニーリングに安定的に働き，塩基対の形成が100%でなくてもアニーリングする．変性して一本鎖になったウイルス核酸と，これに相補なプローブ核酸を過剰なコピー数で加えて混合し，アニーリング温度にするとウイルス核酸はプローブと二本鎖を形成する．ハイブリダイゼーション法では，この二本鎖を検出することで，配列特異的にウイルスが検出できる．

ハイブリダイゼーションでは，溶液中で目標のウイルス核酸とプローブ核酸を混ぜて行う場合と，ナイロン膜やニトロセルロース膜の固相に目標のウイルス核酸を固定して，これとプローブ核酸を反応させる方法がある．ウイルスの検出と同定には，もっぱら後者が用いられる．ウイルス核酸を電気泳動してナイロン膜に転写し，これをDNAまたはRNAのプローブで検出する．ウイルス核酸がDNAの場合は，サザンハイブリダイゼーション（Southern hybridization)，RNAの場合はノーザンハイブリダイゼーション（northern hybridization）と呼ばれる．さらに，固相にウイルス核酸を滴下して固定し，これにプローブ核酸を反応させるドットブロット法もある．プローブは，クローン化したウイルスのcDNAから，転写してDNAやRNAを作る方法が一般的である．^{32}Pで標識したヌクレオチド基質の存在下で，試験管内でcDNAを転写して作成する．検出はX線フィルムを^{32}Pが感光することで行う．この検出法では，放射性同位元素を扱うので，認可された特別の施設で実験を行う必要がある．これを避けるために，最近は非放射性のラベル法とその検出法が多く開発され，さまざまなキットが市販されているので，それを利用することが多くなっている．いずれの場合もcDNAを扱うので，組換えDNA取り扱いの指針に従わなければならない．

電気泳動後にウイルス核酸を固相に転写，またはウイルス核酸を固相に滴下した後で，加熱やUV照射で固定する．このときウイルス核酸は変性されていなければならない．DNAでは一般的に電気泳動後にアルカリ変性してから転写する．一本鎖RNAでも，高い高次構造を保っているので，熱やホルムアミドで変性してから変性条件下で電気泳動する．その後tRNAやサケの精子DNA溶液で固相をブロッキング処理し，プローブ溶液を添加，プローブと目標のウイルス核酸のアニーリングを行う．その後，洗浄して余分な溶液中のプローブを取り除いて，二本鎖となった核酸を検出する．

ハイブリダイゼーション法では，アニーリングと洗浄の条件を調節することで，プローブに用いるウイルスとは別の系統も検出することができる．系統間では，多くの場合に，ゲノムの塩基配列で90%程度の相同性がある．アニーリングの温度を下げたり，二本鎖形成の安定性を高めるような高い塩濃度（1〜1.5 M）で洗浄を行うと，完全に相補でないウイルス核酸でも検出することができる．適切な反応条件は，プローブとウイルス核酸の配列の相同性の程度から決定する．

b. PCR

PCR（polymerase chain reaction）は，試験管の中で，DNAポリメラーゼの伸張反応を利用して，2つのプライマーで挟んだDNA領域を増幅する方法である（図12.5）．これに用いるDNAポリメラーゼは耐熱性が高く，95℃の熱をかけても失活しない酵素で，温泉地に生息する細菌から分離され，至適活性温度が72℃である．RNAをゲノムとするウイルスでは，前もってゲノムRNAを逆転写反応によってDNAにしておく必要がある．この場合の一連の操作はRT-PCR（reverse transcription coupled polymerase chain reaction）と呼ぶ．

方法の典型的な例を示すと以下のようになる．増幅する領域を含むウイルス配列をもつDNA，デオキシリボヌクレオチド4種の混合液，増幅する領域を挟む20〜30塩基の合成プライマーDNA 2種類，DNAポリメラーゼを含む反応溶液を用意する．まず二本鎖DNAを94℃で30秒処理して熱変性し，プライマーが

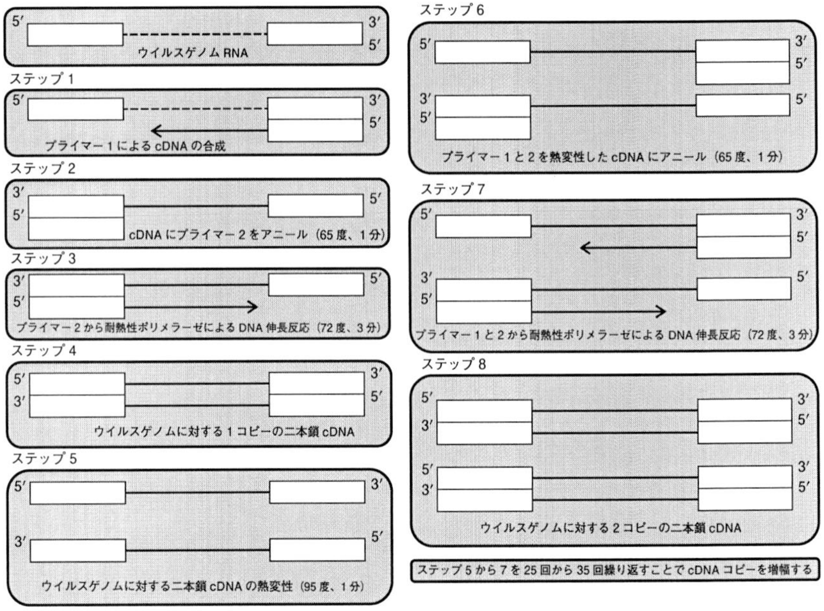

図 12.5　ウイルス RNA ゲノムの増幅する reverse transcription coupled polymerase chain reaction（RT-PCR）の原理

アニールするように温度を 55 °C に下げて 30 秒静置する．次に温度を DNA ポリメラーゼの活性至適温度の 72 °C に上げて，1 分 DNA 伸張反応を行う．この時点で，プライマーからの伸張反応により増幅配列は 1 分子の鋳型 DNA から 2 分子となる．この操作をさらに 29 回繰り返すと，2^{30}分子の増幅配列ができる．たとえ 1 分子の鋳型 DNA から始めても，増幅された DNA 分子は電気泳動で容易に検出可能な濃度となる．ウイルス核酸を検出するときの，その感度の高さはほかのどの方法よりきわめて優れている．原理的には 1 コピーの増幅配列から始めても，30 回の増幅で 10 億 7374 万 1824 分子になっている．逆に検出感度が高すぎるために，反応液が検定試料以外に由来する DNA で汚染する可能性に注意しなければならない．たとえば同じウイルス配列をもつ cDNA をクローニングして抽出する実験に用いた水を，PCR 溶液の調整にも共有して利用すれば，水から汚染する可能性がある．この方法を用いるには，ウイルスゲノムの塩基配列から増幅に必要なプライマー配列を設計する必要がある．増幅する DNA 配列の長さは，長いほど増幅効率が下がるので，一般的に数百塩基対であり，千塩基対以上を増幅するようにDNAプライマーを設計するのは実際的ではない．

また，塩基配列が決定されていないウイルスでは，プライマーを設計できないので，この方法は適用できない．しかし，同じ属のウイルスであれば，種が異なっていても非常に高く保存されている配列をもっていることがある．たとえば，*Potyvirus*属のRNAポリメラーゼや外被タンパク遺伝子の配列では，共通のプライマーを設計することができる（Yamamoto and Fuji，2008）．

また，増幅されたDNA断片を電気泳動で検出するので，異なるウイルスを長さの異なるDNA断片として増幅するようにプライマーを設計しておけば，同一試験管で2種以上のウイルスを同時検出することができる．

以上のように，PCRの原理を応用して，さまざまなウイルス診断方法が開発されている．〔上 田 一 郎〕

参 考 文 献

高橋義行（1998）：ELISA法—その特徴と実施の注意点—．植物防疫．**42**，88-92．

H. Yamamoto and S. Fuji (2008): Rapid determination of the nucleotide sequences of potyviral coat protein genes using semi-nested RT-PCR with universal primers. *J. Gen. Plant Pathol*. **74**, 97-100.

13. ウイルスの防除

植物ウイルスの防除は，ウイルスに感染した植物を治療する実用的な技術が確立していないことから，菌類病や細菌病の防除とは異なる点が多い．しかし，ウイルスを圃場内に持ち込まないことを第一に，ウイルス病の発生しにくい栽培環境を保つこと，さらに，早期の診断によりウイルスの発生を確実に発見するとともに，各ウイルスの諸性状に基づいた対応によりウイルスの蔓延や被害の拡大を阻止することが大切である．

13.1 健全種苗の利用

ウイルスと宿主植物の組合せによっては種子伝染（seed transmission）する例が知られている．種子伝染率は，ウイルスと宿主植物の組合せ，ウイルスの感染時期，種子の保存方法などによって異なるが，種子伝染の報告例があるウイルスは100種以上に上る．防除上は健全株から得た種子を利用することが必須である．胚にウイルスが侵入している場合，これを除去することが困難であるが，*Tobamovirus* 属ウイルスによるトマト，トウガラシ，スイカ，ユウガオなどの種皮の汚染に対しては，発芽に影響を与えないように設定された乾熱処理（dry heat treatment）や第三リン酸ナトリウム（trisodium orthophosphate, Na_3PO_4）溶液への浸漬処理を行う．

栄養繁殖する植物では，ウイルスに感染した親植物から得た球根（鱗茎，塊茎，塊根など），ランナー，むかごなどの利用や，挿し木，取り木，接ぎ木，株分けなどによって次世代にウイルスが伝染する．そのため，健全な栄養繁殖体が得られない場合，成長点を無菌的に0.1～0.5 mm程度切り出して培地で培養する成長点培養（meristem tip culture）を行う（図13.1）．成長点近傍ではウイルスの侵入が阻止されているため，ウイルスが感染していない苗，すなわちウイルスフリー（virus free）苗を作出することができる．なお，ウイルスの除去を確実にするために成長点培養とあわせて熱処理が行われることもある．また，ウイルスフリーとなっていることは，ELISA法やPCR法などによって確認する必要がある．成長点培養によるウイルスフリー苗は，ジャガイモ，サツマイモ，

図 13.1 ウイルスフリー化のために成長点培養中のユリ

ヤマイモ，イチゴ，キク，ユリ類，ラン類，ニンニクやワケギ，リンゴ，カンキツ類など，多くの農作物で利用されている．また，成長点培養による分裂組織をさらに分割して多数のクローンを作出するメリクロン（mericlone）苗の利用により，ラン類などにおいては遺伝的に安定で安価なウイルスフリー苗が大量に供給されている．しかし，ウイルスフリー苗であっても圃場での栽培によってウイルスに再汚染する可能性が高いので，適切に苗を更新する必要がある．なお，日本の基幹作物の一つでウイルス病が発生するとその被害が問題となるジャガイモについては，独立行政法人種苗管理センターがウイルスフリーの健全ジャガイモ原原種（増殖の元になる種イモ）を生産，供給している．

13.2 抵抗性品種の利用

ウイルス抵抗性遺伝子としては，トマトモザイクウイルス（*Tomato mosaic virus*；ToMV）に対する野生トマトに由来の抵抗性遺伝子 *Tm-1*，*Tm-2* および *Tm-2*^{2}，ジャガイモ X ウイルス（*Potato virus X*；PVX）に対するジャガイモの抵抗性遺伝子 *Rx*，タバコモザイクウイルス（*Tabacco mosaic virus*；TMV）に対して過敏感反応を引き起こすタバコの抵抗性遺伝子 *N*，*Tobamovirus* 属ウイルスに対して *Capsicum* 属植物に過敏感反応を引き起こす抵抗性遺伝子 *L*（L^1～L^4）などが知られ多くの研究がある．

抵抗性品種の開発も進んでおり，イネ品種については，イネわい化ウイルス（*Rice tungro spherical virus*；RTSV）とイネ縞葉枯ウイルス（*Rice stripe*

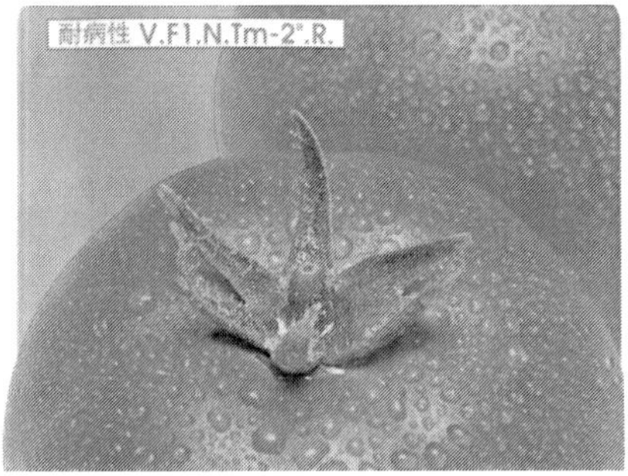

図 13.2　トマトモザイクウイルスに対する抵抗性遺伝子 *Tm-2*ª をもつことを示すトマト種子の表示

virus；RSV）に対する抵抗性の有無と程度が特性として登録されている（イネ品種・特性データベース，独立行政法人 農業・食品産業技術総合研究機構作物研究所）．このほか，ダイズモザイクウイルス（*Soybean mosaic virus*；SMV）に対するダイズの抵抗性品種，トマトモザイクウイルス（*Tomato mosaic virus*；ToMV）に対するトマトの抵抗性品種，タバコモザイクウイルス（*Tobacco mosaic virus*；TMV）やトウガラシマイルドモットルウイルス（*Pepper mild mottle virus*；PMMoV）によるモザイク病に対するトウガラシの抵抗性品種，各種ムギ類ウイルスに対するオオムギやコムギの抵抗性品種など，実用化されている抵抗性品種も多い（図 13.2）．しかし，ウイルスと植物の組合せによっては利用できるウイルス抵抗性品種が作出されていない．そのため，必要な抵抗性品種の作出が，抵抗性遺伝子の検出や抵抗性発現の機作に関する研究とともに望まれる．また，圃場では複数のウイルスが発生する現状から，個別のウイルスだけでなく複数のウイルスに対して抵抗性を示す品種も求められる．このような抵抗性品種の作出には，従来の育種法に加えて，遺伝子組換え技術の利用が有望である．

土壌伝染するウイルスでは，ウイルス抵抗性の台木を利用した接木栽培も有用であり，有用台木（stock）の探索や育成が行われている．

13.3　農業資材の消毒

Tobamovirus 属のウイルスなど，ウイルス濃度が高く，また，耐保存性の高いウイルスでは，感染植物の汁液による接触伝染（contact transmission）が認められる．このほか，キュウリモザイクウイルス（*Cucumber mosaic virus*；

CMV）でも接触伝染する例が報告されている．そのため，植物体同士の接触に注意するだけでなく，剪定や収穫などに用いるハサミなどの器具，作業着，鉢や支柱などの農業資材，作業者の手指の汚染にも注意が必要である．農業資材の消毒には，第三リン酸ナトリウム溶液やシイタケ菌糸体抽出物への浸漬，火炎滅菌，蒸気消毒，煮沸消毒，石けんによる洗浄などが行われる．

13.4 土壌伝染の防止

土壌消毒に用いられてきた臭化メチル剤が原則として使用禁止となったことからも，土壌伝染性ウイルスの防除を目的としたさまざまな代替技術の開発が行われている．土壌伝染性ウイルスの防除においては，苗床，本圃ともに健全土の利用が必須である．前作で土壌伝染性のウイルス病が発生していた場合は，宿主となりうる作物の栽培を回避する．また，罹病植物残渣の放置や漉（す）き込みは行わない．土壌伝染性の *Tobamovirus* 属ウイルスでは，植物残渣の分解を促進し，熱や燻蒸剤による土壌消毒を行う．病原ウイルスとの接触を回避するために，生分解性ポットで育苗した苗をポットから出さずに本圃へ定植する技術は，ピーマンモザイク病の発病を軽減する．菌類伝搬性ウイルスによるレタスビッグベイン病では，石灰施用やフィルムでの被覆による太陽熱を利用した土壌消毒による媒介菌（*Olpidium* 属菌）の除去を行う．また，ビートえそ性葉脈黄化ウイルス（*Beet necrotic yellow vein virus*；BNYVV）によるテンサイそう根病の媒介菌 *Polymyxa betae* は高い pH 条件を好むため，石灰資材の多用で発病が助長される．

土壌伝染性ウイルスが発生した圃場では，汚染土壌の付着した機材などが圃場外に持ち出されるおそれがあるため，作業を最後に行い，作業後に機材の消毒を行うなどの注意が必要である．カンキツ類の温州萎縮ウイルス（*Satsuma dwarf virus*；SDV）のように果樹類に発生する各種の土壌伝染性ウイルスでは，病樹の伐採を行うとともに，抜根跡周辺からの汚染土壌が，隣接圃場に流れ込まないように，溝などによる遮断や土壌消毒などを行う．

13.5 圃 場 衛 生

ウイルス病を発病した農作物は，速やかに抜き取り，焼却や埋没などの処理をとることが必要である．栽培終了後は，残渣の処理も同様に行う．ウイルス病の発病圃で土中に放置されたイモや球根などから生じた苗，あるいは，収穫後の稲や不十分な伐採樹からの孫生(ひこばえ)えなども感染源となる．同様に，家庭菜園など管理が十分でない圃場が隣接している場合も，ウイルスの感染源となるおそれがある．

圃場内外の雑草（weed）は，ウイルスの代替宿主（alternative host）あるいは越冬宿主（over wintering host）となる．ジャガイモのジャガイモＹウイルス（*Potato virus Y*；PVY）に感染するイヌホオズキ（*Solanum nigrum*）などナス科雑草，イネの各種ウイルスに感染するイネ科の水田畦畔雑草などの例はよく知られる．また，キュウリモザイクウイルス（*Cucumber mosaic virus*；CMV）やトマト黄化えそウイルス（*Tomato spotted wilt virus*；TSWV）のように宿主域が広いウイルスでは，雑草からの検出記録も多い．たとえば，CMVではハコベ，イヌガラシ，オニノゲシ，セイヨウタンポポ，ヒメムカシヨモギ，セイタカアワダチソウ，オオバコ，ギシギシなど，TSWVではハコベ，ノゲシ，ヨモギ，セイタカアワダチソウ，ギシギシをはじめイヌビユ，オニタビラコなどでの発生が知られる．さらに，ウイルスが潜在感染する雑草もあるため注意が必要である．中でも，多年生雑草は，冬季に地上部が枯死してもウイルスを保持し続けて，春季の感染源となるおそれがある．さらに，雑草は，ウイルスの媒介者であるアブラムシ類やアザミウマ類などの増殖や越冬場所となる．そのため，圃場や温室などの施設内外における雑草の適切な管理はウイルスの防除上，重要である．

同種あるいは同じ属や科など近縁の農作物を連作することは，共通のウイルスやそれらの媒介者の密度を高めるおそれがある．菌類病や細菌病と同様に，可能であれば連作を避ける．また，媒介者の発生消長を調査し，媒介者の密度が高い時期を避けて移植するなどの工夫が行われている．

生育初期のウイルス感染による被害は大きくなる傾向があることから，厳密な管理ができる苗床（seedling bed）での育苗も有用である．しかし，移植後に苗床に残った不要苗についても適切な処理を行い，それらを感染源としない注意も必要である．

13.6　媒介者の制御

ウイルスの媒介者（vector）の制御は広く行われ，また効果も高い防除法である．媒介者は，それぞれの登録農薬により制御することができる．しかし，化学合成農薬の不適切な利用により，対象媒介者以外の生物の生態に影響を与える可能性があること，また，農薬に対する抵抗性が生じて媒介者の制御効果が減ずるおそれがあることから，化学合成農薬を使用した化学的防除（chemical control）にのみ依存するのではなく，複数の技術を利用することが期待されている．

物理的防除法（physical control）あるいは耕種的防除法（cultural control）には，さまざまな防除資材が開発されている．従来，防虫を目的として寒冷紗，ネットが利用されているが，ウイルス防除のためにはとくに，媒介者の発生時期を考慮した被覆の時期，媒介者の侵入を阻止しうる目（目あい）のサイズなどに注意が必要である．また，露地での利用だけでなく，施設開口部や出入り口での利用も媒介者飛来防止に効果があるが，その効果は風向や設置の位置などに影響される．一方，寒冷紗などの使用による温室内の温度上昇により，栽培作物への悪影響あるいは対象外の害虫や病原菌の増殖が起きることがあるため，注意が必要である．また，通常のフィルムに替えて，波長が 380〜200 nm の近紫外線を完全に除去する紫外線除去フィルム（ultra-violet absorbing vinyl film）を，トンネルなどに伸張することにより，アザミウマ類（thrips），アブラムシ類（aphid）などの飛来を防止することができる．

有翅アブラムシの飛来を忌避する効果があるシルバーマルチ（銀線入りマルチ，silver polyethylene mulch）あるいは，銀線入りネット，シルバーテープは，アブラムシ類が白色あるいは銀色の反射光を忌避する性質を利用したものである（図 13.3）．また，*Cucumovirus* 属ウイルス，*Potyvirus* 属ウイルス，ソラマメウイルトウイルス 1 および 2（*Broad bean wilt virus* 1 および 2）などの媒介者であるアブラムシ類および *Crinivirus* 属，*Begomovirus* 属ウイルスの媒介者であるコナジラミ類（whitefly）を誘引し捕殺する黄色粘着テープ，また，*Tospovirus* 属ウイルスの媒介者であるアザミウマ類を誘引し捕殺する青色粘着テープは，媒介虫がそれぞれの色（波長）に誘引される性質を利用し，粘着性のテープ（sticky tape）に付着させて殺虫する（図 13.4）．捕殺された媒介虫数を計測してそれらの発生消長を知り，予察（forecasting）に役立てることもできる．なお，黄色に誘引される性質を利用して，黄色テープに接触したコナジラミの雌成虫にコナジラミ類の卵の孵（ふ）化を阻害するピリプロキシフェン剤をテープから付着させ，増殖を抑制する化学農薬非散布型による防除法も実用化されている．また，有翅アブラムシ類の飛来を防止するために，圃場内で栽培されるものとは異なる作物や牧草を圃場の周囲あるいは間作として栽培する障壁作物（ある

図 13.3　アブラムシなどを防除するために利用される銀線入りネット

図 13.4　コナジラミなどを防除するために利用される黄色粘着板

いは植物）（barrier crop/plant）の利用も行われる．たとえば，ナス科やウリ科の野菜栽培においては，草丈が高く，圃場内の作物と共通のアブラムシ類の増殖が行われず，また対象ウイルスの宿主でもないトウモロコシやムギ類などが障壁作物となる．このほか，作物上に散布した鉱物油は，ウイルスを保毒したアブラムシの接種吸汁を抑制する．施設栽培では，栽培終了後に密閉して内部の温度を上昇させ，植物残渣に残る媒介者の殺虫を行う．

ウイルスの媒介者の制御を目的として，天敵（natural enemy）や微生物農薬（microbiological pesticide）の導入など生物的防除（biological control）も行われる．昆虫病原菌（entomopathogenic fungi）である *Beauveria bassiana* によるアザミウマ類やコナジラミ類の防除，*Verticillium lecanii* によるアブラムシ類，アザミウマ類やコナジラミ類の防除などが実用化されている．また，アザミウマ類の捕食性天敵であるククメリスカブリダニ（*Amblyseius cucumeris*），アブラムシ類の捕食性天敵であるヤマトクサカゲロウ（*Chrysoperla nipponensis*）の幼虫，コナジラミ類の幼虫に産卵して寄生するオンシツツヤコバチ（*Encarsia formosa*）などが，ウイルス媒介者ともなる害虫の天敵農薬として登録されている．このほか，レタスビックベイン病の媒介者 *Olpidium* 属菌に対して拮抗性のあるレタスの内生細菌（*Pseudomonas fluorescens*）をレタス種子にコーティングし，これを播種して生細菌により同病の発生を抑制する技術が新たに開発された．

これらの制御法は，媒介者の密度を抑制しウイルス伝染の機会を減少させ，近隣圃場への伝染の拡大防止にも貢献する．物理的，耕種的，および生物的防除法の利用は，化学合成農薬の散布回数を減少させるためにも有効である．しかし，非永続伝搬性ウイルスをはじめとする多くのウイルスは媒介虫による短時間の吸汁行動によって植物への感染が成立することからも，圃場内における媒介虫の密度低下を図るだけではウイルス病の発生を十分に防除することはできない．媒介虫の発生そのものを防止し，媒介虫の圃場への飛来を阻止すること，さらに，健全種苗の利用やウイルス感染植物の除去により媒介虫がウイルスを獲得する機会を無くすことが，ウイルス病防除には必須である．

13.7　弱毒ウイルスの利用

ウイルスに感染した植物では，同種のウイルスによる二次感染が生じない．この現象は干渉効果（cross protection）と呼ばれて早くから知られてきた．この現象のメカニズム解明に関する研究とともに，1930 年代に入ってから，干渉効果をウイルス病の防除に使おうとする研究が始まった．すなわち，あらかじめ病原性の弱いウイルス（弱毒ウイルス）を人工的に植物に感染させ，干渉効果によって病原性の強いウイルス（強毒ウイルス）の感染あるいは感染と増殖による病徴発現を回避あるいは軽減する技術である．なお，強毒ウイルスとは，弱毒ウイルスに対応する概念であり，一般には，自然条件下に存在し，植物に感染して病徴を呈するウイルスのことで，野生株と記されることもある．

同種のウイルスであっても，その病原性は系統や分離株によって異なる．弱毒ウイルスとは，植物に全身感染するが病徴を生じないか，軽微な病徴のみを生じる系統（mild strain，弱毒系統）あるいは分離株（弱毒株）であり，かつ，干渉効果によってウイルス病を防除する目的で確立された株をいう．弱毒ウイルスは自然環境からの選抜に加えて，通常より高温あるいは低温条件下で育成したウイルス感染植物から選抜する温度処理，亜硝酸ナトリウム（sodium nitrite, $NaNO_2$）溶液処理や紫外線処理によりウイルスに突然変異を誘導してからの選抜，病徴を軽減するサテライト RNA の付加などの方法がある．また，より実用的な効果を高めるために 2〜3 種の異なるウイルスに対する複数の弱毒ウイルスを同時に利用する例もある．

日本ではトマトに発生するタバコモザイクウイルス（*Tobacco mosaic virus*；TMV）の防除を目的として高温処理と選抜を経て弱毒株 L11A が作出された．弱毒株 L11A を噴霧接種したトマト苗は，1970 年代の千葉県では広い面積で利用され高い防除効果をあげた．弱毒株の利用の多くはその後，TMV 抵抗性のトマト品種の利用に替わったが，弱毒ウイルスを実用化した先駆的な事例といえる．また，ピーマンでも，高温処理，亜硝酸処理などを併用して同様の弱毒株が作出されている．スイカ緑斑モザイクウイルス（*Cucumber green mottle mosaic virus*；CGMMV）からは，高温，亜硝酸および紫外線処理などの組合せにより弱毒株 SH33b が作出され，1970 年代から静岡県におけるマスクメロン栽培で利用されてきた．カンキツ類の重要ウイルスであるカンキツトリステザウイルス（*Citrus tristeza virus*；CTV）では，弱毒系統を利用した防除がブラジルなど海外で 1960 年代から行われ，日本でも，弱毒ウイルスを感染させたカンキツ苗の配布により収量や品質の維持を可能にした．ダイズ（黒大豆）に発生するダイズモザイクウイルス（*Soybean mosaic virus*；SMV）に対しては，低温処理と選抜により作出された弱毒ウイルスが配布され栽培地で利用されている．また，CMV の防除を目的として弱毒ウイルスを接種済のトマト苗やトウガラシ苗などが耕種農家だけでなく家庭菜園などでの利用をも視野に市販されている．このほか，ズッキーニ黄斑モザイクウイルス（*Zucchini yellow mosaic virus*；ZYMV）

とズッキーニ，CMV とピーマンやリンドウなど，ヤマノイモえそモザイクウイルス（*Chinese yam necrotic mosaic virus*；CYNMV）とナガイモなどの組合せなどにおいて，弱毒ウイルスが利用されている．さらに 2003 年には日本で，ZYMV 弱毒株水溶剤が農薬としてはじめて登録された．これはキュウリにおける ZYMV の防除を目的として，穂木あるいは接木苗にカーボランダムを用いて汁液接種して用いる．

日本では，弱毒ウイルスが早くから開発され，他国と比べて実用例が多く，弱毒ウイルスの利用に対する理解も深い．弱毒ウイルスの配布，弱毒ウイルス接種苗の配布に加えて，製剤としても利用が可能になった弱毒ウイルスの防除効果は高く，実績をあげている（図 13.5）．また，媒介虫の防除を目的とした化学合成農薬の散布回数を減らす点でも有用である．人類は長く植物ウイルスに感染した農作物を食料としてきたが，健康被害などは知られていない．その経緯からも弱毒ウイルスは有望なウイルス防除資材と考えられる．しかし，弱毒ウイルスによる防除法が利用できるウイルスと植物の組合せはまだ限られている．また，弱毒ウイルスを作出して実用化するには，安定した弱毒性により対象作物における品質と収量に与える影響が最低限であること，対象ウイルスに対する高い干渉効果，対象外の作物における弱毒性の保証，媒介者や種子を通した予期せぬ拡散の防止などに加えて，弱毒ウイルスの保存や接種法の確立などについて十分な検討が必要である．弱毒ウイルスは天敵農薬などとは異なる分類に属するとされるが，生物防除資材としての行政上の取り扱いについても，今後，さらに議論され

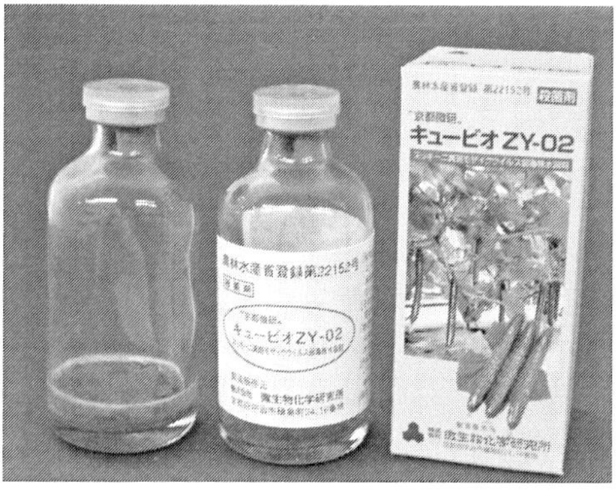

図 13.5　登録・市販されているズッキーニ黄斑モザイクウイルス弱毒株水溶剤（提供：微生物化学研究所）

よう．

13.8 抗ウイルス剤の利用

抗ウイルス剤（antviral substances）とはウイルスの感染あるいは増殖を阻害する作用のある物質をいう．抗ウイルス性が認められる菌類，藻類，あるいは植物由来物質などの研究例は多く，ヨウシュヤマゴボウ（*Phytolacca americana*）からは分子量が30,000前後でリボソームを不活性化する抗ウイルスタンパク質が報告されているほか，オシロイバナ（*Mirabilis jalapa*），カーネーション（*Dianthus caryophyllus*），クマツヅラ科やアカザ科などの植物などからも発見されている．また，菌類病の防除に用いられるプロベナゾール（probenazole）がタバコに全身的なタバコモザイクウイルス（*Tobacco mosaic virus*；TMV）抵抗性を誘導する例など，ウイルス抵抗性誘導剤が知られるほか，新規の抵抗性誘導物質の探索も行われている．また，植物ウイルスは植物のPTGS（転写後遺伝子発現抑制）を抑制するタンパク質（PTGSサプレッサー）を生産して植物に感染する．そこで，このPTGSサプレッサーを阻害する物質を抗ウイルス剤として利用する研究も複数のウイルスを対象に進んでいる．しかし実用された例は少ないため，今後はさらに，植物ウイルスの増殖を確実に阻害し防除に実用できる物質の探索が必要であろう．

13.9 ウイルス抵抗性の遺伝子組換え植物の利用

ウイルス抵抗性品種を古典的な育種法で作出するのは，利用可能な育種素材がない，あるいは，交雑などによる抵抗性の導入が難しい組合せであるなどの理由で困難な場合が多い．バイオテクノロジー技術の進展によって，有用遺伝子の植物への導入が可能になると，遺伝子組換えによるウイルス抵抗性植物の作出が開始された．1980年台にはすでにタバコモザイクウイルス（*Tobacco mosaic virus*；TMV）の外被タンパク質遺伝子（CP）をタバコに導入して，TMV感染を抑制する研究が行われ，さまざまなウイルスのCPと植物の組合せで同様な実験が続いた．CPのほかにも，ウイルス複製酵素，ウイルスの細胞間移行に関わる移動タンパク質，タンパク質合成酵素などに加えて，ウイルスゲノム末端の非翻訳領域，ウイルスゲノムのアンチセンスRNA，弱毒ウイルス（系統）のゲノムRNA，サテライトRNA，欠陥RNA（defective interfering RNA），リボザイム（ribozyme）などの一部あるいは改変された塩基配列が含まれる．

植物ウイルスに由来しない遺伝子を組み換えて抵抗性植物を作出する例もある．植物細胞由来の遺伝子では，リボソーム不活性化タンパク質（ribosome inactivating protein；RIP）遺伝子，アデノシン産生に関与するS-アデノシルホモシステイン水酸化酵素（S-adenosylhomocysteine hydrolase；SAH）遺伝子のアンチセンス，抗ウイルス性物質産生遺伝子などがある．また，モノクローナル抗体産生細胞由来のモノクローナル抗体産生遺伝子，ウイルス由来の二本鎖RNAによって活性化される2′5′オリゴアデニル酸合成酵素（2′5′ oligoadenylate synthetase）からの一連の働きがリボヌクレアーゼLを活性化し，これがmRNAを分解することから，これらを組み換えた例もある．また，RNAウイルス複製中間体の二本鎖RNA分解酵素（dsRNase）も利用される．

これらのウイルス抵抗性を付与された遺伝子組換え植物のうち，商業的に利用されているものとしては，CP遺伝子によりパパイア輪点ウイルス（*Papaya ringspot virus*；PRSV）抵抗性を付与され，アメリカハワイ州などで利用されているパパイア（*Carica apapaya*），ウイルスのヘリケースと複製酵素遺伝子によりジャガイモ葉巻ウイルス（*Potato leaf roll virus*；PLRV）に対する抵抗性を付与されたジャガイモ（*Solanum tuberosum*），CP遺伝子によりジャガイモYウイルス（*Potato virus Y*；PVY）に対する抵抗性を付与されたジャガイモ，CP遺伝子によりカボチャモザイクウイルス（*Watermelon mosaic virus* 2；WMV-2），ズッキーニ黄斑モザイクウイルス（*Zucchini yellow mosaic virus*；ZYMV），およびキュウリモザイクウイルス（*Cucumber mosaic virus*；CMV）に対する抵抗性を付与されたズッキーニ（*Cucurbita pepo*）がある（図13.6）．しかし，世界の遺伝子組換え作物（GM crop）をみると，多くは，除草剤耐性植物あるいは害虫耐性植物であり，作目も，ダイズ，ワタ，トウモロコシ，ナタネなどが中心である．ウイルス抵抗性の遺伝子組換え作物の栽培面積は，遺伝子組換え作物中1%以下（2000～01年）に過ぎない．

一方，日本における状況を見ると，2007年11月現在，厚生労働省医薬食品局食品安全部により公知された安全性審査の手続を経た遺伝子組換え食品及び添加物は86品種あるが，それらのうち，ウイルス抵抗性を付与されたものはジャガイモの6系統である．これらは，ジャガイモの害虫であるコロラドハムシ（*Leptinotarsa decemlineata*）とPLRVの両方に抵抗性を有する．このほか，PRSV抵抗性を付与された遺伝子組換えパパイアについて，2007年12月現在，安全性審査が継続されている．日本において遺伝子組換え作物をウイルス防除に活用す

図 13.6 パパイア輪点ウイルス（PRSV）抵抗性遺伝子組換えパパイア品種 SunUp に，由来の異なる PRSV とパパイアに感染する同属別種のパパイア奇形葉モザイクウイルス（PLDMV）を接種した実験

ハワイ産と台湾産の PRSV（④および⑦）に対しては抵抗性を示し，健全パパイア①と同様の生育が見られるが，PLDMV ②や日本産，タイ産，マレーシア産の PRSV（②，③，⑤，⑥）に対しては抵抗性を示していない．（提供：眞岡哲夫博士）

るためには，遺伝子組換え作物全般に対する一般社会の理解が必要であるが，現在のところ，一般圃場での栽培は行われていない． 〔夏 秋 啓 子〕

参 考 文 献

Agarwal, V. K., Sinclair, J. B. (1997): Principles of Seed Pathology (2 nd ed.). 539 p. CRC Press.

Fauquet, C. M., Mayo, M. A., Maniloff, J., Desselberger, U. and Ball, L. A. eds. (2005): *Virus Taxonomy, VIIIth Report of the ICTV*. Elsevier/Academic Press.

Fulton RW. (1986): Practices and precautions in the use of cross protection for plant virus disease control. *Annual Review of Phytopathology* **24**, 67-81.

Jones, R. A. C. (2004): Using epidemiological information to develop effective integrated virus disease management strategies. *Virus Research*, **100**(1) 5-30.

Matthews, R. E. F. and Hull, R. (2002): *Matthews' Plant Virology* (*4th ed.*). *Academic Press.*

事項索引

A

AAB　55
absorbansy　30
acronym　54
AGO　136
AGOタンパク質　136
alternative host　172
ambisense　112
ambisense RNA　94
Amblyseius cucumeris　175
amorphous inclusion　19
annealing　164
antviral substances　178
aphid　173
apical necrosis　13
Argonaute　136
aspermy　16
Association of Applied Biologists　55
attenuated strain　140
AU　119
AU-rich　110
avirulence gene　134
Avr　134

B

Baker　7
Baltimore　105
barrier crop　174
barrier plant　174
BC 1　126
Beauveria bassiana　175
Beijerinck　2
big vein　13
biological control　175
bipartite genome　35
Brakke　2
bundle　20
bundle sheath cell　128
BV 1　126
BYL　102
BY 2培養細胞　102

C

Capsicum 属　135, 169
capsid　36
capsomer　36
capsomere　36
Carica apapaya　179
CCR　66
central conserved region　66, 96
chalcone synthase 遺伝子　135
chemical control　173
Chenopodium amaranticolor　30
chlorosis　13
chlorotic ring spot　13
chlorotic spot　13
chlorotic streak　13
Chrysoperla nipponensis　175
CHS　135
CI　20, 126
cis-preferential 複製　111
clarification　27
CMVの2b　8
color breaking　15
companion cell　128
contact transmission　170
contagium vivum fluidum　2
cooperative　123
co-suppression　8, 135
co-translational uncoating　104
crinkle　14
cross protection　175
crystalline inclusion body　18
Cs_2SO_4　29
CsCl　29
cultural control　173
cylindrical inclution　19
cytoplasmic inclusion　19

D

DCL2　137
DCL4　137
death　18
decline　18
defective interfering RNA　67, 90, 178
deformation　17
denaturation　164
density-gradient centrifugation　28
dependent virus　155
Descriptions of Plant Viruses　55
detection　157
DI RNA　90
diagnosis　157
Dianthus caryophyllus　178
Dicer　136
Dicer 様　136
differential centrifugation　28
DIP 法　158
distortion　17
DNA 依存 DNA 合成酵素　115, 117
double infection　9
double-stranded RNA　33
dry heat treatment　168
dsRNase　179
dwarf　18

E

eEF1A　109
eIF3　109
eIF4E　132
ELISA　4, 157, 160
ELISA 法　168
enation　14
Encarsia formosa　175
entomopathogenic fungi　175
enzyme-linked immunosorbent assay　157, 160
epinasty　15
equilibrium density-gradient centrifugation　29
ER 膜　19

extinction coefficient 31

F

family 52
forecasting 173
Fraenkel-Conrat と Williams 3
frameshift 94

G

gall 14
GAPDH 109
gene-for-gene theory 134
genus 52
GFP 5
Gierer と Schramm 4
GM crop 179
green fluorescent protein 5
groove 18

H

half-leaf method 30
hammerhead ribozyme 97
HC-Pro 20, 75, 126, 138
HC-Pro タンパク 149
heat shock protein 70 homolog 81
HEL 108
helper component - protease 75
helper virus 90, 155
hexamer 38
hierarchical classification 46
homogenization 27
homoginate 27
host 130
host plant 9
Hsp70h 81

I

IAMS 46
ICNV 46
ICTV 46, 52, 54
identification 157
immunity 130
indicator plant 21, 157
indirect ELISA 161
inoculated leaf 10
internal initiation 92
internal ribosome entry site 93
International Association of Microbiological Societies 46
International Committee on Nomenclature of Viruses 46
International Committee on Taxonomy of Viruses 46
International Union of Microbiological Societies 47
IRES 76, 93
IUMS 47
Iwanowski 2

K

Kassanis 4

L

laminated aggregate 20
large intergenic region 88
latent infection 22
leaf curl 14
leaf dip serology 162
leaf roll 14
leafhopper 153
leaky scanning 93
LIR 88
local lesion 10, 133
local symptom 10
local-lesion isolation 26
LRR 135
Ls1 121

M

malformation 17
Markham と Smith 2
masking 23
melting temperature 164
mericlone 169
meristem tip culture 168
microbiological pesticide 175
microRNA 136
mild 24
mild strain 176
Mirabilis jalapa 178
miRNA 136
mix infection 9
monopartite genome 35
morphological unit 36
mosaic 12
mottle 12
movement protein 6
MP 121
mRNA 104
MT 108
multipartite genome 92
multipartite virus 36
multivesicular body 20

N

N 169
natural enemy 175
NB 80
NBS 135
NBS-LRR タイプ 135
necrosis 13
necrotic ring spot 13
necrotic spot 13
necrotic streak 13
NIa 20
NIb 20
Nicotiana benthamiana 26
Nicotiana glutinosa 29
nuclear inclusion 20
nucleocapsid 36
N 遺伝子 7, 133
N 因子をもつタバコ 29
N タンパク質 40

O

Olpidium 属 175
Olpidium 属菌 144, 171
open reading frame 51
opposite-leaf method 30
order 52
ORF 51

outer symptom 12
over wintering host 172

P

pairwise comparison 50
PCR 157
PCR 法 168
PD 120, 121
PEG 28
pentamer 38
phloem parenchyma cell 128
phyllody 15
physical control 173
Phytolacca americana 178
pin-wheel inclusion 20
Plant virus subcommittee 47
planthopper 153
plasmodesmata 120
poly(A)配列 104
polyethylene glycol 28
polymerase chain reaction 157
polymyxa betae 171
polyprotein 92
polythetic class 53
post-transcriptional gene silencing 7, 136
probenazole 178
proof-reading 117
propagative host 26
protein subunit 36
Pseudomonas fluorescens 175
pseudorevertant 117
PTGS 7, 136, 178
PTGS サプレッサー 178
purification 26
purity 29
PVS 47
p19 タンパク質 73
p-ニトロフェニールフォスフェート 162

Q

quasi-species 53, 117
Quelling 136
Qβ 117
Qβ ファージ 107

R

rate zonal gradient-density centrifugation 28
RdRp 71, 107, 108
read through 93
recombination 117
reddening 17
re-initiation 88, 93
renaturation 164
replicative form 106
replicative intermediate 106
Rep タンパク質 115
reverse transcription coupled polymerase chain reaction 165
revertant 117
RF 106, 107
RI 106
ribosome inactivating protein 179
ribosome shunt 88, 93
ribozyme 178
ring spot 13
RIP 179
RISC 136
RNA interference 136
RNA 介在抵抗性 7
RNA-induced silencing complex 136
RNA-mediated resistance 135
RNaseH 116
RNA 依存 RNA 合成酵素 104
RNA 依存 RNA ポリメラーゼ 71
RNA 介在抵抗性 135
RNA サイレンシングの抑制因子 73, 75, 77, 78, 79, 80, 82
RNA サイレンシング抑制タンパク質 137
RNA シュードノット構造 94
RNA 複製酵素 105, 106, 107, 110
RNA ワールド 71
rosette 18
RT-PCR 165
rugose 15
Rx 169
Rx 遺伝子 7, 133

S

S-adenosylhomocysteine hydrolase 179
satellite RNA 90
satellite virus 90
Satellites 67
scroll 20
seed coat mottling 16
seed transmission 168
seedling bed 172
segmented genome 35
segmented genome within single particle 36
severe 24
shoe string 14
short interfering RNA 136
sieve element 128
sigla 46, 52
sign 9
single infection 9
single-stranded RNA 33
siRNA 136
size exclusion limit 123
sodium nitrite 176
Solanum nigrum 172
Solanum tuberosum 179
species 9, 52
splicing 94
spot 13
stem pitting 18
sticky tape 173
stock 170
strain 9
streak 13
stunt 18
subfamily 52
subgenome 92
subunit 36
suppressor 8
SV-TNV 4
symptom 9
symptomless infection 22
systemic symptom 10
S-アデノシルホモシステイン水酸化酵素 179
S-アデノシルメチオニン 108

T

tentative species 53
TGB 79, 126
thrips 173
TIR 135
Ti プラスミドベクター 6
Tm 164
Tm-1 132, 169
Tm-2 169
Tm-2² 169
Tobacco etch virus (TEV) のヘルパー成分プロテアーゼ (HC-Pro) 8
tolerence 130
toll-interleukin 1-receptor-like 135
TOM 1 109
TOM 3 109
transactivator 93
trans-activator 88
transition 117
transversion 117
tripartite genome 35
triple gene block 79, 126
trisodium orthophosphate 168
tRNA 様構造 76, 77, 78

U

upper leaf 10

V

vector 172
vein banding 13
vein clearing 12
vein yellowing 12
vernacular name 53
Verticillium lecanii 175
vesicular body 20
VIDE 55
virion 36
viroid 96
viroplasm 20, 57
virus free 168
Virus Identification Data Exchenge 55
virus source 26
VPg 74, 76, 132

W

weed 172
white fly 173
whitening 17

X

X 体 19
X-body 19

Y

yellowing 17

Z

ZYMV 弱毒株水溶剤 177

あ 行

青色粘着テープ 173
亜科 52, 54
アクチン 124
アサガオ 23
アザミウマ 148
アザミウマ類 173
亜硝酸ナトリウム溶液処理 176
アスパラギン酸プロテアーゼ 92
アニーリング 164
アブラムシ 149
アブラムシ伝搬 77
アブラムシ伝搬性 75
アブラムシ類 173
アポトーシス 134
アポプラスト 121
アマランチカラ 22
アルカリフォスファターゼ 162
アルファ様スーパーグループ 71
アンチセンス RNA 178
アントシアニン色素合成 135
アンビセンス 6, 65, 112
アンビセンス RNA 83, 94
維管束 121
維管束細胞 128
維管束組織 128
移行タンパク質 6, 121
萎縮 14, 18
異常構造 18
イースト 101
依存ウイルス 155
イチゴ 169
1 次抗体 161
萎凋 17
一過性 23
一本鎖 DNA 33, 114
一本鎖 RNA 33
遺伝子組換え作物 179
遺伝子組換え植物 178
遺伝資源 10
遺伝子対遺伝子説 7, 134
遺伝的異常 23
遺伝的な斑入り 23
糸葉 14
イヌホオズキ 172
イネ萎縮ウイルス 153
イネツングロ病 17
イネ品種 169
ウイルス獲得時間 146
ウイルスグループ 47
ウイルス源 26
ウイルス抵抗性遺伝子 169
ウイルス抵抗性植物 6
ウイルス濃度 18, 23
ウイルスの純度 29
ウイルス複製複合体 19
ウイルスフリー 168
ウイルスフリー苗 169
ウイルス名 9
ウイルス粒子 36, 103
ウイロイド 4, 95, 96
ウエスタンブロット法 163
ウサギ網状赤血球系 102
ウンカ 153
栄養繁殖 23, 144, 168
エコタイプ 25
壊死 13
壊疽 10, 18
壊疽型 21
壊疽条斑 13
壊疽斑点 13
壊疽輪紋 13
越冬宿主 172
エピトープ 160

塩化セシウム　29
遠距離移行　6
エンドサイトシス　103
黄萎　17
黄化　10，12，17，18
黄化系統　21
黄色モザイク　12
オオハリセンチュウ　146
オシロイバナ　178
オンシツコナジラミ　147
オンシツツヤコバチ　175
温度感受性変異体　121
温度処理　176

か 行

科　50，52，54
開花不全　16
塊茎　16，168
塊根　168
介助ウイルス　155
階層分類　46，47
外被タンパク　159
外被タンパク質遺伝子　178
回復　23
外部病徴　11，18
火炎滅菌　171
化学的防除　173
核　18
核酸結合タンパク質　80
核内封入体　20
風車状　20
風車状封入体　20，75
褐色壊疽　13
褐斑粒　16
カーネーション　178
過敏感反応　10，133
過敏感反応（HR）　7
カプシド　33，36
カプソマー　36
カプソメア　36，38
株分け　168
カーボランダム　142
顆粒状構造物　19
顆粒状封入体　19，20
カルモジュリン　138
カルモ様スーパーグループ　71
カンキツ類　169，171，176
還元剤　27
干渉効果　175
管状構造　127
管状構造物　19
干渉作用　50
間接ELISA法　161
感染阻害物質　142
感染葉磨砕液　27
——の清澄化　27
乾熱処理　168
慣用名　45，53
寒冷紗　173
黄色粘着テープ　173
機械伝染　142
キク　169
キクモンサビダニ　24
奇形　16，17，18，23
逆転写酵素　5，88，116
ギャップ　87
キャップ構造　35，102，104，132
吸光係数　31
吸光度　30
球根　168
吸収極小　30
吸収極大　30
凝集　21
強毒ウイルス　176
局所病徴　10
局所病斑　10
局部病斑　26，133
局部病斑法　29
キレート剤　27
菌　144
金コロイド　122
金コロイド標識　162
菌類伝搬性ウイルス　171
空洞化　16
ククメリスカブリダニ　175
組換え　117，118
グリセルアルデヒド3リン酸脱水素酵素　109
クリプトグラム　46
クロスプロテクション　140
クロローシス　13
クワジスピーシーズ　117
経時変化　22
形態的単位　36
系統　9，52，53
系統進化　47，52
系統分類　47
経卵伝染　147
欠陥RNA　178
結晶　18
結晶化　21
結晶状構造　18
結晶状封入体　18
血清学的性状　45
ゲノムRNA　178
ゲノム塩基配列　45
ゲノム結合タンパク質　35，74
ゲノム複製中間体　158
検出　157
健全種苗　168
健全植物　24
健全土　171
顕微鏡　11
コア　41
抗ウイルス剤　178
高温処理　176
剛化　14
光学顕微鏡　18
抗血清　157，159
抗原　159
抗原決定基　160
耕種的防除法　173
高速遠心　27
酵素結合抗体法　4，160
抗体　159
高度抵抗性　7
鉱物油　175
酵母　101
5′キャップ構造　132
国際ウイルス学会議　46
国際ウイルス分類委員会　46
国際ウイルス分類・命名規約　52
国際ウイルス命名委員会　46
国際細菌，ウイルス命名規約　46
国際植物命名委員会　46
国際微生物学協会　46
国際微生物協会連合　46
コサプレッション　8
枯死　18
骨髄腫細胞　160
コッホの三原則　156
コナカイガラムシ　148
コナジラミ類　173
コムギ胚芽　102
ゴルジ装置　113
混合感染　9，11，140

昆虫病原菌 175
コンニャク果 16

さ 行

再汚染 169
再構成 69
再構成反応開始部位 44
細根 17
細胞間移行 6
細胞間連絡 120
細胞骨格繊維 120
細胞死 18
細胞質内封入体 19
細胞数 18
細胞内膜系 111
細胞の大きさ 18
細胞壁 18
酢酸ウラニル 158
ササゲ 11
サザンハイブリダイゼーション 164
挿し木 168
雑草 172
サツマイモ 168
サテライト 67
サテライト DNA 4
サテライト RNA 4, 90, 176, 178
サテライトウイルス 4, 67, 90
サテライト核酸 67
サテライト RNA 6
サブゲノミックプロモーター 92
サブゲノム 92
サブゲノム RNA 51, 73
サブユニット 36, 38
サプレッサー 8, 137
サプレッサー tRNA 94
三角分割数 38
酸化酵素阻害剤 27
散在 21
35S RNA 116
35S プロモーター 88
暫定種 53
3′ 非翻訳領域 104, 118
三粒子分節ゲノム 35
シイタケ菌糸体抽出物 171
紫外線吸光度 29, 30
紫外線吸収曲線 30
紫外線除去フィルム 173
紫外線処理 176
シグラ 46
試験管内再構成実験 3
自己集合 3
脂質合成関連遺伝子 111
脂質合成阻害剤 111
雌ずい 16
シス因子 110
システインプロテアーゼ 92
指標植物 21, 157
師部局在性 21
師部柔細胞 128
師部組織 120
ジャガイモ 168, 172, 179
ジャガイモヒゲナガアブラムシ 149
ジャガイモやせいも病 95
弱毒ウイルス 175, 178
弱毒株 140
弱毒株 L11A 176
弱毒株 SH33b 176
弱毒系統 176
煮沸消毒 171
種 9, 52
汁液接種 142
汁液伝染 142
収穫 10
臭化メチル剤 171
19S RNA 116
19S プロモーター 88
重複感染 9
宿主 130
宿主因子 108
宿主植物 9
宿主タンパク質 109
縮葉 15, 23
種子潜伏ウイルス 143
種子伝染 144, 168
腫瘍 14
受容 RNA 118
純化 26
循環型・増殖性 147
循環型・非増殖性 147
準等価説 38
蒸気消毒 171
師要素 128
条斑 13
障壁作物 173
上偏成長 15
小胞体膜 112
上葉 10
植物ウイルス小委員会 47
ショ糖密度勾配遠心法 2
シルバーマルチ 173
シロイヌナズナ 24, 109
人工接種試験 24
ジーンサイレンシングサプレッサー 23
診断 157
心どまり 23
シンプラスト 121
衰弱 18
水田畦畔雑草 172
すじ壊疽 16
すじ腐れ 16
ズッキーニ 177
ステムピッティング 18
スパイクタンパク質 83
スーパーファミリー 53
スプライシング 94
スリップ配列 94
生育異常 23
精製 26
生長調節剤 23
成長点 168
成長点培養 168
正二十面体カプシド 38
生物的防除 175
生分解性ポット 171
整列 21
赤化 17
石灰施用 171
接種源 26
接種葉 10
接触伝染 170
セリンプロテアーゼ 92
潜在感染 22, 172
全身病徴 10
選択圧 52
線虫 145
選抜 176
早期発見 9
叢根病 17
増殖宿主 26
叢生 18
層板状構造物 20
相補鎖 105
属 50, 52, 54

速度ゾーン密度勾配遠心法　28，29
祖先ウイルス　52
粗皮　17

た　行

台木　143，170
第三リン酸ナトリウム　168
第三リン酸ナトリウム溶液　171
ダイズ　170，176，179
代替宿主　172
耐病性　130
対葉法　30
退緑　12
タイワンツマグロヨコバイ　154
高接病　18
高接ぎ病　143
タクソン　46
多型的種　52
多型的種の概念　50
多型的類型群　53
脱外被　104
ダニ　146
多年生雑草　172
多年生植物　23
タバココナジラミ　147，148
束状　20
多粒子系ウイルス　36
単一ゲノム　35
単一病斑分離法　26
単子葉植物　13
単独感染　9
タンパク質サブユニット　36
単病斑分離　156
単粒子分節ゲノム　36
中央保存配列　96
中央保存領域　66
虫体内潜伏期間　147
長距離移行　120
超薄切片像　18
頂葉壊疽　13
直接 ELISA 法　161
接ぎ木　168
接木栽培　170
接ぎ木伝染法　143
接ぎ穂　143
ツマグロヨコバイ　153
低温処理　176
抵抗性遺伝子　169
抵抗性品種　169
抵抗反応　10
デキストラン　122
データベース　54
テンサイそう根病　171
電子顕微鏡　11，103
電子顕微鏡グリッド　162
転写後遺伝子サイレンシング　136
転写後遺伝子発現抑制　178
転写後型ジーンサイレンシング　7
天敵　175
天敵農薬　175
トウガラシ　170
筒状　20
筒状封入体　19
同心円　13
糖タンパク質　41
同定　9，157
トウモロコシ　179
土壌消毒　171
土壌生息菌　144
土壌伝染　171
土壌伝染性ウイルス　171
突然変異　176
ドットブロット法　164
ドナー RNA　118
トマト　132，170
ドメイン　107
トランスポゾン　23
取り木　168
トール・インターロイキン 1 受容体様領域　135

な　行

内殻　41
内生細菌　175
内部病徴　11，12，18
苗床　172
ナガイモ　177
ナタネ　179
2′5′oligoadenylate synthetase　179
2′5′オリゴアデニル酸合成酵素　179
2 次抗体　161
二重抗体サンドイッチ法　161
二本鎖 DNA　33，115
二本鎖 DNA ウイルス　87
二本鎖 RNA　33，113，158
二本鎖 RNA ウイルス　31
二本鎖 RNA 分解酵素　179
二粒子分節ゲノム　35
ニンニク　169
ヌクレオカプシド　36
ヌクレオキャプシドタンパク質　82
ヌクレオチド結合部位　135
根　16
ネガティブ染色法　157
ネクローシス　13
ネット　173
農薬　23
ノーザンハイブリダイゼーション　164

は　行

媒介介助タンパク質　75
媒介者　172
排除分子量限界　123
ハイブリダイゼーション　164
ハイブリドーマ細胞　160
白化　17
白色壊疽　13
白色壊疽条斑　13
白色壊疽斑点　13
白色壊疽輪紋　13
白色化　12
白色条斑　13
バクテリオファージ　117
発現用プラスミドベクター　160
パパイア　179
パパイン様プロテアーゼ遺伝子　72
葉巻　14
ハムシ　149
伴細胞　128
斑点　13
斑点　16
ハンマーヘッド型リボザイム　66
ハンマーヘッドリボザイム　97
斑紋　12，18
半葉法　30

非永続伝搬性ウイルス　175
ピコルナ様スーパーグループ　69
脾細胞　160
非宿主　130
非循環型・半永続性　147
微小管　19, 124
微小繊維　124
微生物農薬　175
ひだ葉　14, 23
ビタミンC含量　21
ビッグベイン　12
ピノサイトシス　103
非病原性遺伝子　7, 134
ピーマン　177
ひも状ウイルス　33
病徴　9
標徴　9
病徴型　21
病徴の再現　24
ビリオン　36
ピリプロキシフェン剤　173
ピリミジン塩基　117
ビロードサンシチ　98
ピロプラズム　20, 57, 113
品質　10
品種　9, 23
頻度分布　50
斑入り　15
福士貞吉　2
複製型RNA　106
複製酵素　6
複製酵素タンパク質　127, 132
複製中間体　106
符丁　52
普通型　21
普通名　45
復帰変異体　117
物理的防除法　173
不稔　16
プライマー　165
プラス一本鎖RNAウイルス　72
プラス鎖　33
プラスセンス　105
プラズモデスマータ　120, 121
プリン塩基　117
プルーフリーディング　117
フレームシフト　73, 77, 94, 108
不連続部位　87
プログラム細胞死現象　134
プロテアソーム　124
プロトプラスト　101
プローブ核酸　164
プロベナゾール　178
分画遠心分離　28
分子集合　3
分節ゲノム　35, 92
分離株　53
分類基準　50
分類群　52
平衡密度勾配遠心法　28, 29
ヘキサマー　38
ベクター　7
ペチュニア　11, 135
ヘリカーゼ　107
ヘリカーゼドメイン　135
ペルオキシソーム膜　112
ヘルパーウイルス　67
変異　117
変異株　54
変性　164
ペンタマー　38
防除　168
棒状ウイルス　33
穂木　18
ポジショナルクローニング　109
圃場衛生　171
ポテト　133
保毒時間　147
ポリA配列　35
ポリエチレングリコール　28
ポリクローナル抗体　160
ポリタンパク質　51, 74, 92
翻訳　104

ま　行

マイクロチューブル　124
マイクロフィラメント　124
マイナス一本鎖RNAウイルス　82
マイナス鎖　5, 33
マイナスセンス　105
巻葉　14
巻物状　20
膜状構造物　19, 20
マスキング　23
マスクメロン　176
マトリックスタンパク質　41, 82
ミエローマ細胞　160
密度勾配遠心　28
ミトコンドリア　18
ミトコンドリア膜　112
ミナミキイロアザミウマ　148
むかご　168
ムギクビレアブラムシ　151
ムギヒゲナガアブラムシ　151
ムギ類　170
無細胞系　102
無病徴感染　22
目あい　173
メタロプロテアーゼ　92
メチルトランスフェラーゼ　107
メリクロン　169
免疫性　130
免疫電顕法　162
免疫電子顕微鏡法　122
毛茸細胞　18
目　50, 52, 54
モザイク　12, 18
モットリング　12
モットル　12
モノクローナル抗体　160
モモアカアブラムシ　149
紋々病　24

や　行

野生株　176
ヤマイモ　169
ヤマトクサカゲロウ　175
融解温度　164
雄ずい　16
ユリ類　169
ヨウシュヤマゴボウ　178
葉状化　15
葉色の異常　23
要素欠乏　23
葉肉細胞　18
葉脈黄化　12
葉脈透化　12
葉脈緑帯　13
葉緑体　18
葉緑体膜　112
ヨコバイ　153
予察　173

読み取り枠　51

ら 行

らせん型カプシド　36
ラテン二名法　45, 46
ランナー　168
ラン類　169
リアソータント　52
リカバリー現象　140
リーキースキャニング　77, 78, 80, 93
リーダー配列　82
リードスルー　73, 77, 93, 108
リボザイム　178
リボソーム　19
リボソーム不活性化タンパク質　179
リボヌクレオカプシド　40
略号　54
硫化セシウム　29
緑色モザイク　12
鱗茎　168
リンゴ　169
リンタングステン酸　158
輪点　13
リンドウ　177
輪紋　13
輪紋　16
レタスビッグベイン病　171, 175
漣葉　14
ロイシンリッチ反復配列　135
ローリングサークル　66, 114, 115
ローリングサークルモデル　97

わ 行

矮化　16, 17, 18
矮化系統　21
ワケギ　169
ワタ　179

ウイルス名索引

A

ACMV（African cassava mosaic virus） 4
African cassava mosaic virus（ACMV） 4
alfalfa mosaic virus（AMV） 111
Alfamovirus（アルファモウイルス）属 58，78
Allexivirus（アレキシウイルス）属 19，59，79
Alphacryptovirus（アルファクリプトウイルス）属 23，56，85
Ampelovirus（アンペロウイルス）属 58，81
AMV（alfalfa mosaic virus） 111
Apple scar skin viroid（リンゴさび果ウイロイド） 95
Apple stem grooving virus（ASGV；リンゴステムグルービングウイルス） 18
Apple stem pitting virus（ASPV；リンゴステムピッティングウイルス） 18
ASGV（*Apple stem grooving virus*；リンゴステムグルービングウイルス） 18
ASPV（*Apple stem pitting virus*；リンゴステムピッティングウイルス） 18
Aureusvirus（オーレウスウイルス）属 61
Avenavirus（アベナウイルス）属 61
Avsunviroidae（アブサンウイロイド科） 67

B

Badnavirus（バドナウイルス）属 21，55
barley yellow dwarf virus（BYDV） 76
Barley yellow dwarf virus（BYDV；オオムギ萎黄ウイルス） 151
BBWV-2（ソラマメウイルトウイルス2） 22
bean golden mosaic virus（BGMV） 4
bean golden yellow mosaic virus（BGYMV） 89
Bean pod mottle virus（BPMV） 16
Bean yellow mosaic virus（BYMV；インゲンマメ黄斑モザイクウイルス） 21
beet necrotic yellow vein virus（BNYVV） 112
Beet necrotic yellow vein virus（BNYVV；ビートえそ性葉脈黄化ウイルス） 17，171
beet western yellows virus 77
beet yellows virus（BYV） 81
Begomovirus（ベゴモウイルス）属 56，88，173
Benyvirus（ベニウイルス）属 63
Betacryptovirus（ベータクリプトウイルス）属 23，56，85
BGMV（bean golden mosaic virus） 4
BGYMV（bean golden yellow mosaic virus） 89
BMV 109，111，118
BMV（brome mosaic virus） 5，39，78
BNYVV（beet necrotic yellow vein virus） 112
BNYVV（*Beet necrotic yellow vein virus*；ビートえそ性葉脈黄化ウイルス） 17，171
BPMV（*Bean pod mottle virus*） 16
Broad bean wilt virus 1（ソラマメウイルトウイルス1） 173
Broad bean wilt virus 2（ソラマメウイルトウイルス2） 173
brome mosaic virus（BMV） 5，39，78
Bromoviridae（ブロモウイルス科） 58，78
Bromovirus（ブロモウイルス）属 58，78
Bunyaviridae（ブンヤウイルス科） 65，82
BYDV（*Barley yellow dwarf virus*；オオムギ萎黄ウイルス） 151
Bymovirus（バイモウイルス）属 60，74
BYMV（*Bean yellow mosaic virus*；インゲンマメ黄斑モザイクウイルス） 21
BYV（beet yellows virus） 81

C

CaMV 6，35
CaMV（cauliflower mosaic virus） 4，40，87，115
CaMV（*Cauliflower mosaic virus*；カリフラワーモザイクウイルス） 21
Capillovirus（カピロウイルス）属 59，79
Carlavirus（カルラウイルス）属 19，59，79
Carmovirus（カルモウイルス）属 61
carnation Italian ringspot virus（CIRV） 112
cauliflower mosaic virus（CaMV） 4，40，87，115
Cauliflower mosaic virus（CaMV；カリフラワーモザイクウイルス） 21
Caulimoviridae（カリモウイルス科） 55，87
Caulimovirus（カリモウイルス）属 20，21，55，87
Cavemovirus（カベモウイルス）属 20，55

CGMMV(cucumber green mottle mosaic virus) 44
CGMMV(*Cucumber green mottle mosaic virus*；スイカ緑斑モザイクウイルス) 16, 176
Cheravirus(ケラウイルス)属 63
Chinese yam necrotic mosaic virus(CYNMV；ヤマノイモえそモザイクウイルス) 177
CIRV(carnation Italian ringspot virus) 112
Citrus tristeza virus(CTV；カンキツトリステザウイルス) 176
Closteroviridae(クロステロウイルス科) 19, 21, 58, 81
Closterovirus(クロステロウイルス)属 58, 81
CMV 39, 112, 125
CMV(*Cucumber mosaic virus*；キュウリモザイクウイルス) 11, 16, 21, 23, 172, 179
CNV(cucumber necrosis virus) 112
Comoviridae(コモウイルス科) 59, 73
Comovirus(コモウイルス)属 20, 59, 73
cowpea mosaic virus(CPMV) 73
CPMV 125
CPMV(cowpea mosaic virus) 73
Crinivirus(クリニウイルス)属 58, 81, 173
CTV(*Citrus tristeza virus*；カンキツトリステザウイルス) 176
cucumber green mottle mosaic virus (CGMMV) 44
Cucumber green mottle mosaic virus (CGMMV；スイカ緑斑モザイクウイルス) 16, 176
Cucumber mosaic virus(CMV；キュウリモザイクウイルス) 11, 16, 21, 23, 172, 179
cucumber necrosis virus(CNV) 112
Cucumber yellows virus(キュウリ黄化ウイルス) 147
Cucumovirus(ククモウイルス)属 58, 78, 173
Curtovirus(クルトウイルス)属 56, 88
cymbidium ringspot virus(CyRSV) 112
CYNMV(*Chinese yam necrotic mosaic virus*；ヤマノイモえそモザイクウイルス) 177
CyRSV(cymbidium ringspot virus) 112
Cytorhabdovirus 113
Cytorhabdovirus(シトラブドウイルス)属 21, 65, 82
C型肝炎ウイルス(HCV) 109

D

Dianthovirus(ダイアンソウイルス)属 61, 72

E

Enamovirus(エナモウイルス)属 60, 77
Endornavirus(エンドルナウイルス属) 23, 57, 84
Eupatorium yellow vein virus(EYVV；ヒヨドリバナ葉脈黄化ウイルス) 1
EYVV(*Eupatorium yellow vein virus*；ヒヨドリバナ葉脈黄化ウイルス) 1

F

Fabavirus(ファバウイルス)属 20, 59, 73
FDV(*Fiji disease virus*) 14, 31, 41
Fiji disease virus(FDV) 14, 31, 41
Fijivirus(フィジウイルス)属 21, 57, 84
Flexiviridae(フレキシウイルス科) 59, 79
Foveavirus(ホベアウイルス)属 59, 79
Furovirus(フロウイルス)属 19, 63

G

Geminiviridae(ジェミニウイルス科) 56, 88
geminivirus(ジェミニウイルス) 114

H

HCV(C型肝炎ウイルス) 109
Hop stunt viroid(ホップ矮化ウイロイド) 95
Hordeivirus(ホルデイウイルス)属 21, 63

I

Idaeovirus(イデオウイルス)属 62
Ilarvirus(イラルウイルス)属 58, 78
Ipomovirus(イポモウイルス)属 60

L

LBVaV(*lettuce big-vein associated virus*) 83
lettuce big-vein associated virus(LBVaV) 83
lettuce necrotic yellows virus(LNYV) 5, 82
LNYV(lettuce necrotic yellows virus) 5, 82
Luteoviridae(ルテオウイルス科) 59, 76
Luteovirus(ルテオウイルス)属 21, 60, 76

M

Machlomovirus(マクロモウイルス)属 61, 60
Maculavirus(マクラウイルス)属 62

maize rough dwarf virus(MRDV) 31, 41
Mandarivirus(マンダリウイルス)属 59, 79
Marafivirus(マラフィウイルス)属 62
Mastrevirus(マステレウイルス)属 56, 88
Metaviridae(メタウイルス科) 66
Metavirus(メタウイルス)属 66
MiLV(*Mirafiori lettuce virus*;ミラフィオリレタスウイルス) 12
Mononegavirales(モノネガウイルス目) 65
MRDV(maize rough dwarf virus) 31, 41

N

Nanoviridae(ナノウイルス科) 56, 88
Necrovirus(ネクロウイルス)属 61, 72
Nepovirus(ネポウイルス)属 59, 73
Nucleorhabdovirus(ヌクレオラブドウイルス)属 21, 65, 82
Nucleorhabdovirus 113

O

Oleavirus(オレアウイルス)属 58, 78
Onion yellow dwarf virus(OYDV;ネギ萎縮ウイルス) 23
Ophioviridae(オフィオウイルス科) 65, 82
Oryzavirus(オリザウイルス)属 20, 21, 57, 84
Ourmiavirus(オウミアウイルス)属 63
OYDV(*Onion yellow dwarf virus*;ネギ萎縮ウイルス) 23

P

Panicovirus(パニコウイルス)属 61
Papaya ringspot virus(PRSV;パパイア輪点ウイルス) 179
Partitiviridae(パルティティウイルス科) 56, 84
Pea stem necrosis virus(PSNV;エンドウ茎えそウイルス) 9
Pecluvirus(ペクルウイルス)属 63
Pepper mild mottle virus(PMMoV;トウガラシマイルドモットルウイルス) 170
Petuvirus(ペチュウイルス)属 20, 55
Phytoreovirus(ファイトレオウイルス)属 57, 84, 113
PLRV(*Potato leaf roll virus*;ジャガイモ葉巻ウイルス) 16, 153, 179
PMMoV(*Pepper mild mottle virus*;トウガラシマイルドモットルウイルス) 170
Polerovirus(ポレロウイルス)属 19, 21, 60, 77
Pomovirus(ポモウイルス)属 63
Pospiviroidae(ポスピウイロイド科) 66
Potato leaf roll virus(PLRV;ジャガイモ葉巻ウイルス) 16, 153, 179
Potato spindle tuber viroid 98
potato spindle tuber viroid(PSTVd) 4
potato virus X(PVX) 2, 79
Potato virus X(PVX;ジャガイモXウイルス) 169
Potato virus Y (PVY;ジャガイモYウイルス) 172, 179
potato virus Y(PVY) 37
Potexvirus(ポテックスウイルス)属 18, 79
Potyviridae(ポティウイルス科) 19, 60, 74
Potyvirus(ポティウイルス)属 20, 60, 74, 149, 173
PRSV(*Papaya ringspot virus*;パパイア輪点ウイルス) 179
Pseudoviridae(シュードウイルス科) 66
Pseudovirus(シュードウイルス)属 66
PSNV(*Pea stem necrosis virus*;エンドウ茎えそウイルス) 9
PSTVd(potato spindle tuber viroid) 4
PVX(potato virus X) 2, 79
PVX(*Potato virus X*;ジャガイモXウイルス) 169
PVY(*Potato virus Y* ;ジャガイモYウイルス) 172, 179
PVY(potato virus Y) 37

R

RCNMV 110
RCNMV(red clover necrotic mosaic virus) 110
RDV(rice dwarf virus) 2, 41, 84
RDV(*Rice dwarf virus*;イネ萎縮ウイルス) 9
RDV(イネ萎縮ウイルス) 31
red clover necrotic mosaic virus(RCNMV) 110
Reoviridae(レオウイルス科) 57, 84
RGSV(rice grassy stunt virus) 84
Rhabdoviridae(ラブドウイルス科) 65, 82
Rhabdovirus(ラブドウイルス) 113
rice dwarf virus(RDV) 2, 41, 84
Rice dwarf virus(RDV;イネ萎縮ウイルス) 9
rice grassy stunt virus(RGSV) 84
rice ragged stunt virus(RRSV) 42, 85
rice stripe virus(RSV) 6
rice stripe virus(RSV;イネ縞葉枯ウイルス)

83，169
Rice tungro bacilliform virus（RTBV） 154
Rice tungro spherical virus（RTSV） 154
Rice tungro spherical virus（RTSV；イネわい化ウイルス） 169
RRSV（rice ragged stunt virus） 42，85
RSV 42
RSV（rice stripe virus） 6
RSV（rice stripe virus；イネ縞葉枯ウイルス） 83，169
RTBV（*Rice tungro bacilliform virus*） 154
RTSV（*Rice tungro spherical virus*） 154
RTSV（*Rice tungro spherical virus*；イネわい化ウイルス） 169
Rymovirus（ライモウイルス）属 60

S

Sadwavirus（サドワウイルス）属 63
Satsuma dwarf virus（SDV；温州萎縮ウイルス） 171
SbDV（*Soybean dwarf virus*；ダイズわい化ウイルス） 21
SBMV（*Southern bean mosaic virus*；南部インゲンモザイクウイルス） 20
SDV（*Satsuma dwarf virus*；温州萎縮ウイルス） 171
Sequiviridae（セクイウイルス科） 60
Sequivirus（セクイウイルス）属 61
SMV（*Soybean mosaic virus*；ダイズモザイクウイルス） 16，170，176
Sobemovirus（ソベモウイルス）属 21，62
sonchus yellow net virus（SYNV） 82
Southern bean mosaic virus（SBMV；南部インゲンモザイクウイルス） 20
Soybean dwarf virus（SbDV；ダイズわい化ウイルス） 21
Soybean mosaic virus（SMV；ダイズモザイクウイルス） 16，170，176
Soymovirus（ソイモウイルス）属 20，55
STNV（サテライトネクロシスウイルス） 39
SYNV（sonchus yellow net virus） 82

T

TAV 88，93
TAV（*Tomato aspermy virus*；トマトアスパーミィウイルス） 16
TBSV 109，110
TBSV（tomato bushy stunt virus） 2，73
TBSV（*Tomato bushy stunt virus*；トマトブッシースタントウイルス） 20
TBV（*Tulip breaking virus*；チューリップモザイクウイルス） 15
Tenuivirus（テヌイウイルス）属 19，20，65，82
TEV（tobacco etch virus） 75，112
TMV 7，36，43，109，112
TMV（tobacco mosaic virus） 121
TMV（*Tobacco mosaic virus*；タバコモザイクウイルス） 2，18，19，69，169，170，176，178
TNV（tobacco necrosis virus） 4
Tobacco etch virus 20
tobacco etch virus（TEV） 75，112
tobacco mosaic virus（TMV） 121
Tobacco mosaic virus（TMV；タバコモザイクウイルス） 2，18，19，69，169，170，176，178
tobacco necrosis virus（TNV） 4
tobacco rattle virus（TRV） 3
Tobacco rattle virus（TRV；タバコ茎えそウイルス） 19
tobacco streak virus（TSV） 40
Tobamovirus（トバモウイルス）属 63，76，169，170
Tobravirus（トブラウイルス）属 63，145
Tomato aspermy virus（TAV；トマトアスパーミィウイルス） 16
tomato bushy stunt virus（TBSV） 2，73
Tomato bushy stunt virus（TBSV；トマトブッシースタントウイルス） 20
tomato mosaic virus（ToMV） 132
Tomato mosaic virus（ToMV；トマトモザイクウイルス） 169，170
tomato spotted wilt virus（TSWV） 6
Tomato spotted wilt virus（TSWV；トマト黄化えそウイルス） 11，16，20，172
Tomato yellow leaf curl virus（トマト黄化葉巻ウイルス） 147
Tombusviridae（トンブスウイルス科） 20，21，61，72
Tombusvirus（トンブスウイルス）属 21，61，72
ToMV（tomato mosaic virus） 132
ToMV（*Tomato mosaic virus*；トマトモザイクウイルス） 169，170
Topocuvirus（トポクウイルス）属 56，88
Tospovirus（トスポウイルス） 113
Tospovirus（トスポウイルス）属 20，21，65，83，173
Trichovirus（トリコウイルス）属 21，59，79

Tritimovirus(トリティモウイルス)属　60
TRV(tobacco rattle virus)　3
TRV(*Tobacco rattle virus*；タバコ茎えそウイルス)　19
TSV(tobacco streak virus)　40
TSWV(tomato spotted wilt virus)　6
TSWV(*Tomato spotted wilt virus*；トマト黄化えそウイルス)　11, 16, 20, 172
TSWV(トマト黄化えそウイルス)　22
Tulip breaking virus(TBV；チューリップモザイクウイルス)　15
Tungrovirus(ツングロウイルス)属　21, 55
turnip yellow mosaic virus(TYMV)　2, 77, 111
Tymoviridae(ティモウイルス科)　62, 77
Tymovirus(ティモウイルス)属　20, 62, 77
TYMV　40
TYMV(turnip yellow mosaic virus)　2, 77, 111

U

Umbravirus(ウンブラウイルス)属　64

V

Varicosavirus(バリコサウイルス)属　66, 82
Vitivirus(ビチウイルス)属　59, 79

W

Waikavirus(ワイカウイルス)属　61
Watermelon mosaic virus 2(WMV-2；カボチャモザイクウイルス)　179
Wheat streak mosaic virus　146
WMV-2(*Watermelon mosaic virus 2*；カボチャモザイクウイルス)　179
wound tumor virus(WTV)　4, 41
WTV(wound tumor virus)　4, 41

Z

Zucchini yellow mosaic virus(ZYMV；ズッキーニ黄斑モザイクウイルス)　176, 179
ZYMV(*Zucchini yellow mosaic virus*；ズッキーニ黄斑モザイクウイルス)　176, 179

あ　行

アブサンウイロイド科(*Avsunviroidae*)　67
アベナウイルス属(*Avenavirus*)　61
アルファクリプトウイルス属(*Alphacryptovirus*)　56, 85
アルファモウイルス属(*Alfamovirus*)　58, 78
アレキシウイルス属(*Allexivirus*)　59, 79
アンペロウイルス属(*Ampelovirus*)　58, 81
イデオウイルス属(*Idaeovirus*)　62
イネ萎縮ウイルス(RDV)　31
イネ萎縮ウイルス(*Rice dwarf virus*；RDV)　9
イネ縞葉枯ウイルス(rice stripe virus；RSV)　83, 169
イネわい化ウイルス(*Rice tungro spherical virus*；RTSV)　169
イポモウイルス属(*Ipomovirus*)　60
イラルウイルス属(*Ilarvirus*)　58, 78
インゲンマメ黄斑モザイクウイルス　15
インゲンマメ黄斑モザイクウイルス(*Bean yellow mosaic virus*；BYMV)　21
温州萎縮ウイルス(*Satsuma dwarf virus*；SDV)　171
ウンブラウイルス属(*Umbravirus*)　64
エナモウイルス属(*Enamovirus*)　60, 77
エンドウ茎えそウイルス(*Pea stem necrosis virus*；PSNV)　9
エンドルナウイルス属(*Endornavirus*)　57, 84
オウミアウイルス属(*Ourmiavirus*)　63
オオムギ萎黄ウイルス(*Barley yellow dwarf virus*；BYDV)　151
オフィオウイルス科(*Ophioviridae*)　65, 82
オリザウイルス属(*Oryzavirus*)　57, 84
オレアウイルス属(*Oleavirus*)　58, 78
オーレウスウイルス属(*Aureusvirus*)　61

か　行

カピロウイルス属(*Capillovirus*)　59, 79
カブモザイクウイルス　11
カベモウイルス属(*Cavemovirus*)　55
カボチャモザイクウイルス(*Watermelon mosaic virus 2*；WMV-2)　179
カリフラワーモザイクウイルス(*Cauliflower mosaic virus*；CaMV)　21
カリモウイルス科(*Caulimoviridae*)　55, 87, 115
カリモウイルス属(*Caulimovirus*)　55, 87
カルモウイルス属(*Carmovirus*)　61
カルラウイルス属(*Carlavirus*)　59, 79
カンキツエクソコーティスウイロイド　95
カンキツトリステザウイルス(*Citrus tristeza virus*；CTV)　176

キュウリ黄化ウイルス(*Cucumber yellows virus*) 147
キュウリモザイクウイルス(*Cucumber mosaic virus*；CMV) 11, 16, 21, 23, 172, 179
ククモウイルス属(*Cucumovirus*) 58, 78
クリニウイルス属(*Crinivirus*) 58, 81
クルトウイルス属(*Curtovirus*) 56, 88
クロステロウイルス科(*Closteroviridae*) 58, 81
クロステロウイルス属(*Closterovirus*) 58, 81
ケラウイルス属(*Cheravirus*) 63
コモウイルス科(*Comoviridae*) 59, 73
コモウイルス属(*Comovirus*) 59, 73, 125

さ 行

サテライトネクロシスウイルス(STNV) 39
サドワウイルス属(*Sadwavirus*) 63
ジェミニウイルス 119, 126
ジェミニウイルス(geminivirus) 114
ジェミニウイルス科(*Geminiviridae*) 56, 88
シトラブドウイルス属(*Cytorhabdovirus*) 65, 82
ジャガイモＸウイルス(*Potato virus X*；PVX) 169
ジャガイモＹウイルス 11, 16
ジャガイモＹウイルス(*Potato virus Y* ；PVY) 172, 179
ジャガイモ葉巻ウイルス 153, 179
シュードウイルス科(*Pseudoviridae*) 66
シュードウイルス属(*Pseudovirus*) 66
スイカ緑斑モザイクウイルス(*Cucumber green mottle mosaic virus*；CGMMV) 16, 176
ズッキーニ黄斑モザイクウイルス(*Zucchini yellow mosaic virus*；ZYMV) 176, 179
セクイウイルス科(*Sequiviridae*) 60
セクイウイルス属(*Sequivirus*) 61
ソイモウイルス属(*Soymovirus*) 55
ソベモウイルス属(*Sobemovirus*) 62
ソラマメウイルトウイルス *1*(*Broad bean wilt virus 1*) 173
ソラマメウイルトウイルス2(BBWV-2) 22
ソラマメウイルトウイルス2(*Broad bean wilt virus 2*) 173

た 行

ダイアンソウイルス属(*Dianthovirus*) 61, 72
ダイズモザイクウイルス(*Soybean mosaic virus*；SMV) 16, 170, 176
ダイズわい化ウイルス(*Soybean dwarf virus*；SbDV) 21
タバコ茎えそウイルス(*Tobacco rattle virus*；TRV) 19
タバコネクロシスウイルス 144
タバコモザイクウイルス(*Tabacco mosaic virus*；TMV) 2, 18, 19, 169, 170, 176, 178
チューリップモザイクウイルス(*Tulip breaking virus*；TBV) 15
ツングロウイルス属(*Tungrovirus*) 55
ティモウイルス科(*Tymoviridae*) 62, 77
ティモウイルス属(*Tymovirus*) 62, 77
テヌイウイルス属(*Tenuivirus*) 65, 82
トウガラシマイルドモットルウイルス(*Pepper mild mottle virus*；PMMoV) 170
トスポウイルス(*Tospovirus*) 113
トスポウイルス属(*Tospovirus*) 65, 83
トバモウイルス属(*Tobamovirus*) 63, 76, 132
トブラウイルス属(*Tobravirus*) 63
トポクウイルス属(*Topocuvirus*) 56, 88
トマトアスパーミィウイルス(*Tomato aspermy virus*；TAV) 16
トマト黄化えそウイルス(*Tomato spotted wilt virus*；TSWV) 11, 16, 20, 172
トマト黄化えそウイルス(TSWV) 22
トマト黄化葉巻ウイルス 14
トマト黄化葉巻ウイルス(*Tomato yellow leaf curl virus*) 147
トマトブッシースタントウイルス(*Tomato bushy stunt virus*；TBSV) 20
トマトモザイクウイルス(*Tomato mosaic virus*；ToMV) 169, 170
トリコウイルス属(*Trichovirus*) 59, 79
トリティモウイルス属(*Tritimovirus*) 60
トンブスウイルス科(*Tombusviridae*) 61, 72
トンブスウイルス属(*Tombusvirus*) 61, 72

な 行

ナノウイルス科 114
ナノウイルス科(*Nanoviridae*) 56, 88
南部インゲンモザイクウイルス(*Southern bean mosaic virus*；SBMV) 20
ヌクレオラブドウイルス属(*Nucleorhabdovirus*) 65, 82
ネギ萎縮ウイルス(*Onion yellow dwarf virus*；OYDV) 23
ネクロウイルス属(*Necrovirus*) 61, 72
ネポウイルス属(*Nepovirus*) 59, 73

は 行

バイモウイルス属(*Bymovirus*) 60, 74
バドナウイルス属(*Badnavirus*) 55
パニコウイルス属(*Panicovirus*) 61
パパイア輪点ウイルス 15
パパイア輪点ウイルス(*Papaya ringspot virus*; PRSV) 179
バリコサウイルス属(*Varicosavirus*) 66, 82
パルティティウイルス科(*Partitiviridae*) 56, 84
ビチウイルス属(*Vitivirus*) 59, 79
ビートえそ性葉脈黄化ウイルス(*Beet necrotic yellow vein virus*; BNYVV) 17, 171
ヒヨドリバナ葉脈黄化ウイルス(EYVV; *Eupatorium yellow vein virus*) 1
ファイトレオウイルス属(*Phytoreovirus*) 57, 84
ファバウイルス属(*Fabavirus*) 59, 73
フィジウイルス属(*Fijivirus*) 57, 84
フレキシウイルス科(*Flexiviridae*) 59, 79
フロウイルス属(*Furovirus*) 63
ブロモウイルス科(*Bromoviridae*) 58, 78
ブロモウイルス属(*Bromovirus*) 58, 78
ブンヤウイルス科(*Bunyaviridae*) 65, 82
ペクルウイルス属(*Pecluvirus*) 63
ベゴモウイルス 126
ベゴモウイルス属(*Begomovirus*) 56, 88
ベータクリプトウイルス属(*Betacryptovirus*) 56, 85
ペチュウイルス属(*Petuvirus*) 55
ベニウイルス属(*Benyvirus*) 63
ポスピウイロイド科(*Pospiviroidae*) 66
ホップ矮化ウイロイド(*Hop stunt viroid*) 95
ポティウイルス科(*Potyviridae*) 60, 74
ポティウイルス属(*Potyvirus*) 60, 74
ポテックスウイルス 126
ポテックスウイルス属(*Potexvirus*) 79
ホベアウイルス属(*Foveavirus*) 59, 79
ポモウイルス属(*Pomovirus*) 63
ホルダイウイルス 126
ホルデイウイルス属(*Hordeivirus*) 63
ポレロウイルス属(*Polerovirus*) 60, 77

ま 行

マクラウイルス属(*Maculavirus*) 62
マクルラウイルス属(*Macluravirus*) 60
マクロモウイルス属(*Machlomovirus*) 61
マステレウイルス属(*Mastrevirus*) 56, 88
マラフィウイルス属(*Marafivirus*) 62
マンダリウイルス属(*Mandarivirus*) 59, 79
ミラフィオリレタスウイルス(*Mirafiori lettuce virus*; MiLV) 12
メタウイルス科(*Metaviridae*) 66
メタウイルス属(*Metavirus*) 66
モノネガウイルス目(*Mononegavirales*) 65

や 行

ヤマノイモえそモザイクウイルス(*Chinese yam necrotic mosaic virus*; CYNMV) 177

ら 行

ライモウイルス属(*Rymovirus*) 60
ラブドウイルス 40
ラブドウイルス(*Rhabdovirus*) 113
ラブドウイルス科(*Rhabdoviridae*) 65, 82
リンゴさび果ウイロイド(*Apple scar skin viroid*) 95
リンゴステムグルービングウイルス(*Apple stem grooving virus*; ASGV) 18
リンゴステムピッティングウイルス(*Apple stem pitting virus*; ASPV) 18
ルテオウイルス科(*Luteoviridae*) 59, 76
ルテオウイルス属(*Luteovirus*) 60, 76
レオウイルス 41, 113
レオウイルス科(*Reoviridae*) 57, 84

わ 行

ワイカウイルス属(*Waikavirus*) 61

著者略歴（五十音順）

池上正人（いけがみ まさと）

1947年　大阪府に生まれる
1975年　アデレイド大学大学院農学研究科博士後期課程修了
現　在　東京農業大学総合研究所教授
東北大学名誉教授
Ph.D.

上田一郎（うえだ いちろう）

1950年　東京都に生まれる
1978年　ワシントン州立大学博士課程修了
現　在　北海道大学大学院農学研究院教授
Ph.D.

奥野哲郎（おくの てつろう）

1950年　京都府に生まれる
1979年　京都大学大学院農学研究科博士課程修了
現　在　京都大学大学院農学研究科教授
農学博士

夏秋啓子（なつあき けいこ）

1954年　東京都に生まれる
1983年　東京大学大学院農学系研究科博士課程修了
現　在　東京農業大学国際食料情報学部教授
農学博士

難波成任（なんば しげとう）

1951年　東京都に生まれる
1982年　東京大学大学院農学系研究科博士課程修了
現　在　東京大学大学院農学生命科学研究科教授
農学博士

植物ウイルス学　　定価はカバーに表示

2009年5月20日　初版第1刷
2020年3月25日　　　第7刷

著　者　池　上　正　人
　　　　上　田　一　郎
　　　　奥　野　哲　郎
　　　　夏　秋　啓　子
　　　　難　波　成　任
発行者　朝　倉　誠　造
発行所　株式会社　朝　倉　書　店
東京都新宿区新小川町6-29
郵便番号　162-8707
電　話　03(3260)0141
FAX　03(3260)0180
http://www.asakura.co.jp

〈検印省略〉

壮光舎印刷・渡辺製本

ISBN 978-4-254-42033-3 C 3061　　Printed in Japan